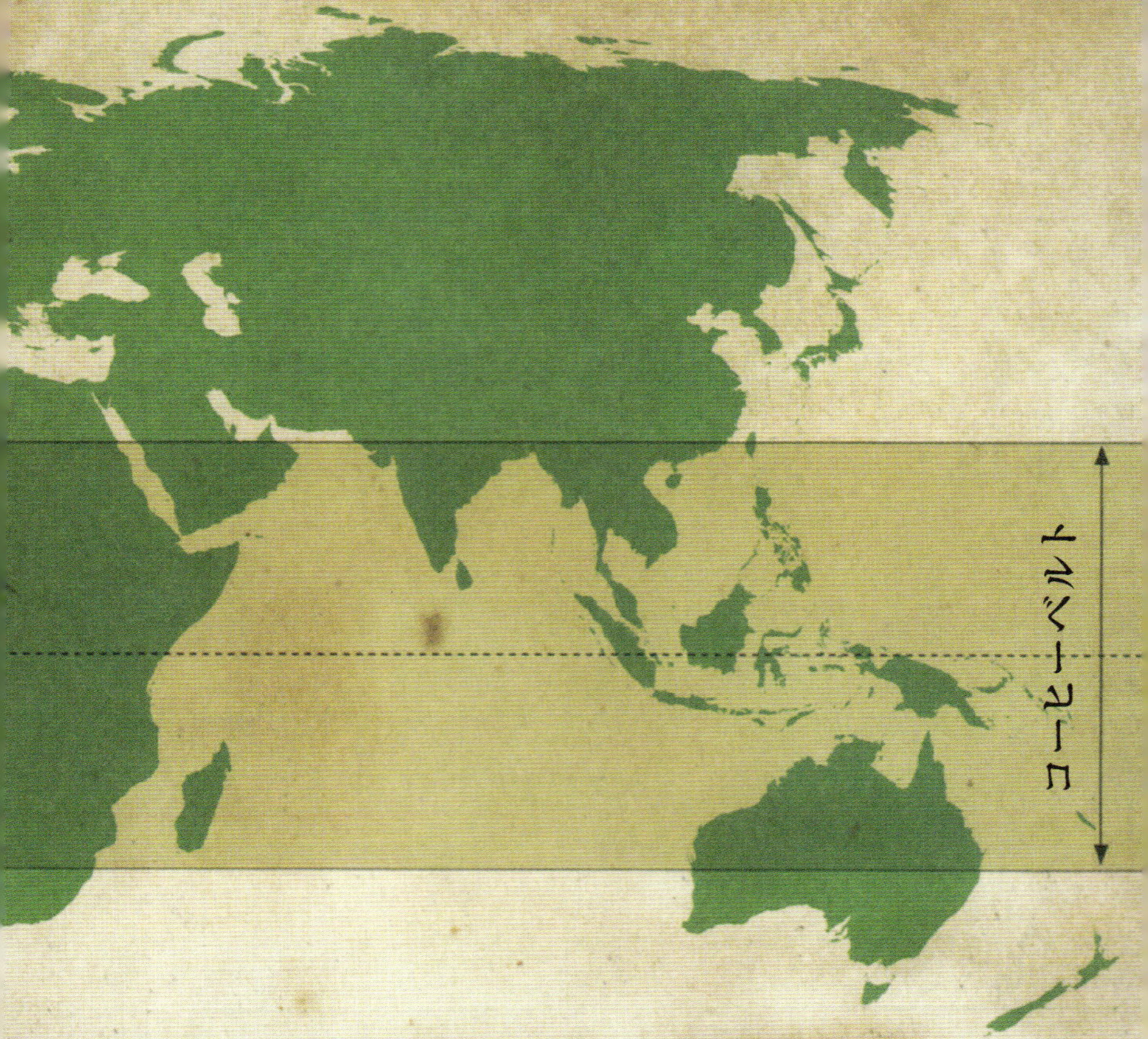
コーヒーベルト

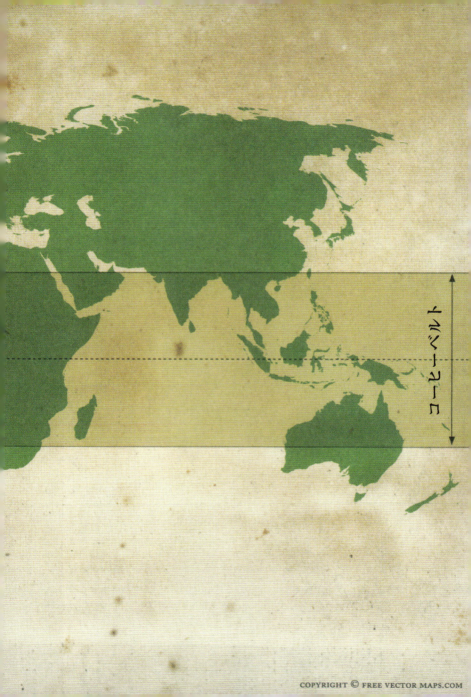

23,5°N
北回帰線
赤道
南回帰線
23,5°N

世界からコーヒーがなくなるまえに

Coffee Revolution

ペトリ・レッパネン＋ラリ・サロマー　セルボ貴子訳

青土社

写真上：『世界からコーヒーがなくなるまえに』の主要登場人物。ファゼンダ・アンビエンタル・フォルタレザ農場のフェリペ・クロシェ、シゥヴィア・バヘット、マルコス・クロシェ。
写真下：コメクイドリ（Bob-oLink）栽培者コミュニティ集合写真

フェリペが始めたイッソ・エ・カフェは観光客に人気でグラフィティ落書きも多いエリア、サンパウロはベコ・ド・バットマン（バットマン通り）にある。

サンパウロにある、フェリペのスタジオと、コーヒー革命の実験スペースにはコーヒーに関わる大小の道具、そしてこれまで訪れたコーヒーにまつわる旅の思い出も所狭しと並んでいる。

FAF 農場の母屋（写真上）は熱帯雨林と豆の乾燥台に囲まれている。そのほかの建物はコーヒーの木々の間に点在している。

母屋の隣には、厨房兼、食堂兼、居間として機能する離れがある。
イッソ・エ・カフェで働くワゴ・フィグエイラは来客たちをあちこち案内したあと、一息ついている様子。（写真下）

我々の滞在期間中にマルコスが自然の風水と、すべての生物に住みかを、と話してくれた、打ち捨てられた学校の教室。

クロシェ家の理想とする考えでは、木々をすっかり切り倒し自然の多様性を危険に晒すようなことはあり得ない。（写真上）　オーガニック農場では牛も生き生きとしている。（写真下）

FAF農場では様々なコーヒーの品種の栽培条件を変え成長を観察している。その品種にもっとも適した環境を見つけることが目的だ。

フェリペ（写真上）とマルコスは各国をまわり、サステナビリティとオーガニック栽培について話して回っている。写真は 2015 年ストックホルムにて。

クロシェ家の人々はシェードツリー（写真上）の重要性を何度も説いている。コーヒーの苗木は本格的に植える前に強い日差しから守られある程度の大きさまで育つ。
シェードツリーと、麦わら帽をかぶった人が作業している（写真下）

フェリペはコーヒーの木によっては熱帯雨林のような環境でよく成長する場合がある事を説明してくれた。(写真上)
共著者ラリ・サロマーは今年のチェリーの実りをチェックしている。(写真下)

コーヒーチェリーの成熟度の違い。黄色いものと赤いものは種が異なる。どちらも緑のチェリーは未熟なのでまだ摘むべきではない。

チェリーの乾燥台では、既に加工済のチェリーもあれば、日光で乾燥させている段階でコーヒーチェリーの皮も果肉もついたままのチェリーもある。

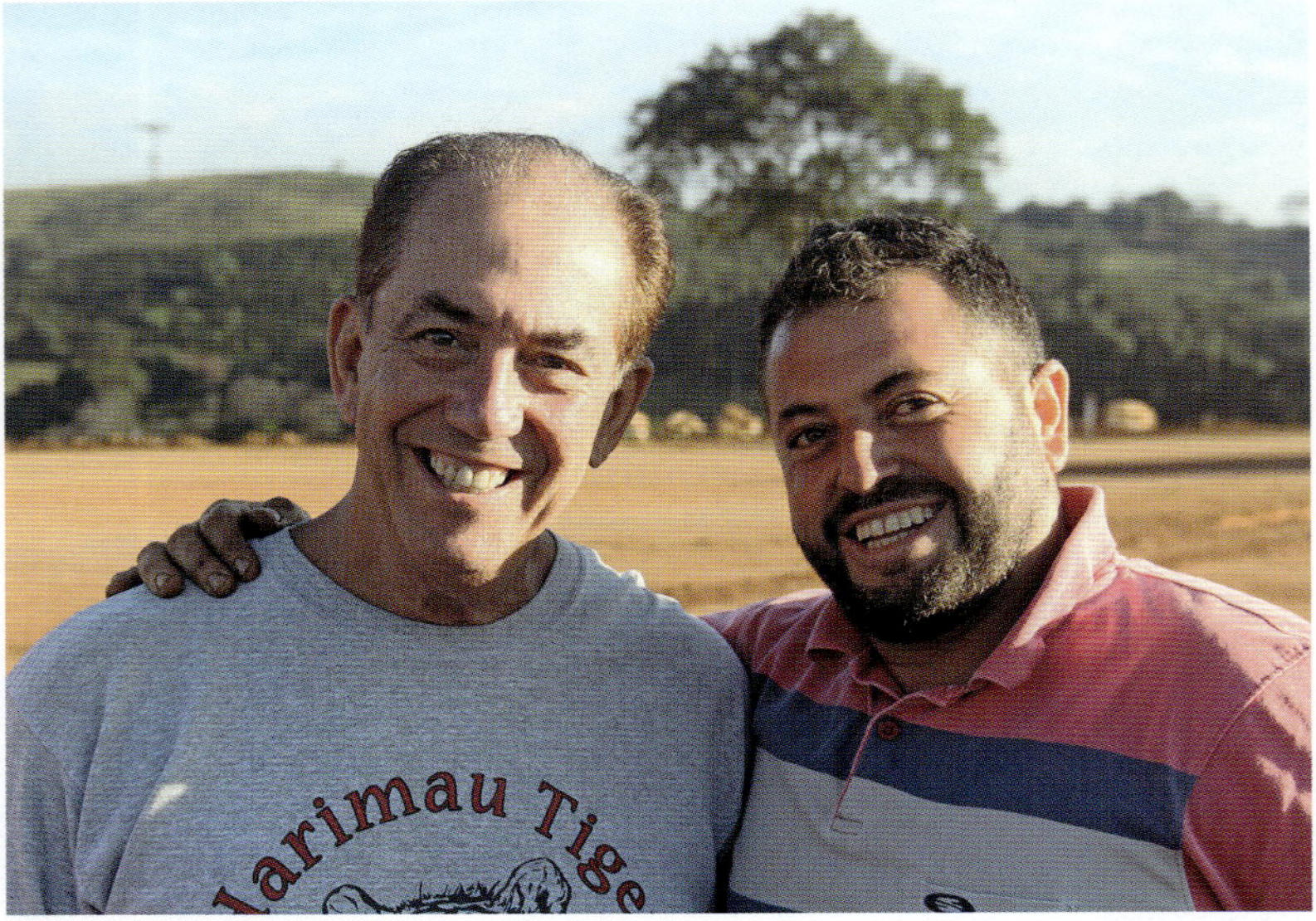

マルコス・クロシェと、近所のジョアン・ハミルトン。
コーヒーを見に来たアグロツーリズムの客たちが荷台に乗せられている。

本書の著者２名、絶景をバックに。（写真上）
コーヒー革命の男、フェリペ・クロシェ（写真下）

樹齢千年の木、「マルコスの祈りの場」ともいうべき場所へ向かう。

目　次

プロローグ

私たちはコロニアル様式のがっしりとした木造の建物の中に座っていた。場所はブラジルはサンパウロ州のモコカ区だ。この家は、コーヒーを栽培するファゼンダ・アンビエンタル・フォルタレザ農場（FAF農場）の母屋でシュヴィア・バヘットとマルコス・クロシェが農場で作業する時はここに住んでいる。建物の高い壁は、ブラジルにアメリカよりも多い人数の奴隷が連れてこられた歴史を物語っている。壁は、生い茂る作物や使用人を描いた絵画や、シュヴィアの先祖たちの写真で埋め尽くされている。書棚には古典や歴史書がずらりと並んでいる。作り付けの食器棚には古色を帯びた食器や陶器が――ひょっとしたらシュヴィアも子供の頃、最初にコーヒーを味わったカップがあるのかもしれない――飾られている。

この母屋がこれほど頑丈なつくりにできているのは、災害に耐えうるだけではなく、使用人の反乱や、盗賊から農園主を守るためでもあった。地下室には古いワイン貯蔵庫があり、そこからの抜け道も用意されていた。大きな一枚板のドアは高さ三ｍでずっしりと重く、今では開け放たれている。窓には木製のブラインドが取り付けられており、気温が上がる日中に内部が涼しく保たれるようになっている。シュヴィアの太陽のような明るさと旺盛な好奇心とこれらの家具によって、温かくて居心地の良い空間が醸し出されているようだ。色鮮やかなハチドリたちも、さもクロシェ家の一員のように開けたままの窓から出入りしている。

昼過ぎの、太陽が一番高いところにある時間帯、居間の中は薄暗い。私たちは一家の女主人、シゥヴィアに招かれ、彼女の物語を聞かせてもらう所だった。

その前に、コーヒーとブラジルのコーヒーの歴史の話をしよう。なぜならシゥヴィアやクロシェ家の人達の話は、壮大な物語のたった一部に過ぎないからだ。とても存在感のある一部ではあるのだが。

第1章

歴史の翼とルーツ

序

コーヒーは過去十年ほどのあいだ、皆が「口に」するようになった。飲むと気分を高揚させる飲みものとしてだけでない。コーヒーは気候変動の議論にも登場し、イノベーションのテーマとしても、忙しい日常にほっと一息つけるものとしても、心臓機能を改善する効果を持つもの、逆に心臓麻痺の原因としても、いつどこにでも登場するほどの頻度で語られている。

ユフラ・モッカやクルタ・カトリーナ「フィンランドで最も消費量が多い安価なドリップコーヒー商品の二つ」を普通のコーヒーだと思っている人たちの意識を、もう一歩前へ、つまりはサステナブルな方向へ進めてみようという考えは、ヘルシンキのしゃれたエリアにあるメキシコ料理屋でランチを食べ終わったころに生まれた。どうやったら世界をもっと良くできるのか、自然に寄り添った方法や持続可能性《サステナビリティ》や気候変動といった話題を、中年に達したヒップスターらしく私たち二人は話し合った。

まじめに話すには気恥ずかしい話題の数々ではあったが、それでも真剣に、自分達なら何かできるんじゃないかということも分かっていた。

ラリはコーヒー業界の人間だ。

そしてペテは出版社の編集をやっている。

私たち、ラリとペテは学生時代ルームメイトで、コミュニケーション学を一緒に学び、バンドを一緒にやっていた仲だ。昔から青臭い話もたくさんしてきたし、真っ向から議論をした事もある。

この二人が本を書かなかったら誰が書くんだ？　これまで書かれたことがないようなコーヒー本を出そうじゃないか、と頷きあった。

悲観主義者が――または現実主義者と言ってもいいが――三〇年後コーヒーは存在しないという未来予想図を描いて見せる今、もう行動は起こす時期に来ている。気候変動が作地面積を狭め、同時にコーヒーの人気はお茶文化の国でもうなぎのぼりだ。もし私たちが美味しいものを味わい続けたいのなら、コーヒーとの関係も変えるべきだ。どこから豆が来ているのか知るべきだし、栽培環境やサステナビリティも忘れてはならない。量より質、つまり大量にコーヒーを淹れて飲み残しを捨てるのではなく、少なく、大切に、美味しい豆を挽いて淹れるべきだ。

私たち二人は、どこを目指しているのかすら最初は分からなかったが、少なくともストックホルムとサンパウロへ行くことは明らかだった。今こうして出来上がった本を手にして、ＦＡＦ農場の豊かでむせかえるような土の香り、そして栽培農家のマルコスが樹齢千年の木の下で演説をぶった時の温かい声が行間から立ち上るような気さえする。

二〇一五年の五月にヘルシンキのメキシコ料理屋で生まれた当時の考えはいまだに変わっていない。一人一人の小さな行動から大きな変化のうねりを作り出せるのだから。

コーヒー豆地帯からヨーロッパのカフェへ

革命を始めたいと思うなら、その歴史の一端を多少なりとも知っておくべきだろう。どんな向かい風が待ち受けているかが分からなければ立ち向かう事は難しい。手に取るのは剣なのか、ペンなのか、そして向かう先はケニアか、ブラジルなのか。フィンランド人である私たちはブラジルを選んだ。なぜなら、世界で最もコーヒー個人消費量の多い国民が、世界でもっともコーヒー生産量の多い国へと向かうということが面白いと思えたからだ。

コーヒーの起源については諸説があり、飲み物として以外の物語もある。複数のいわれで共通しているのは、コーヒーはエチオピア発祥である事だろう。地元の部族たちが、コーヒーの果実が持つ、気分を高揚させる効果を西暦一〇〇〇年ごろにはうまく利用していたらしい。果肉を動物性脂肪に混ぜ、今でいう栄養補助のキャンディバーのようなものを作っていたようだ。

また一説によると、西暦七五〇年ごろエチオピアのカルディという名前のヤギ飼いがコーヒーを見つけたともいわれている。彼は、ヤギたちがコーヒーの木の果実を食したあと夜通し寝なかったことに気付いた。自らその果実を口にしてみて、気分の高揚を体験したのち、次第にその噂がヤギ飼い達以外にも広まった。近くの修道院でも噂を耳にして、この興奮剤なるものの発見を喜んだが、次第にその味に飽きて修道院長は果実を焚火に投げ捨てた。炭化していく豆から立ち上る得も言われぬ香りに、彼は果実の価値を再認識し、焚火から焦げた豆を救い出し、沸かしたお湯に入れ綺麗にした。あとは歴史が語る通りだ。

ヤギ飼いのカルディには、後日私たちは別の大陸で、驚くべき再会をすることになる。

初期のコーヒー栽培の記録については、一四〇〇年代のイェメンから見つかっている。そしてアラブ人たちのカップからコーヒーが飲まれるようになる経緯は、残念ながら推測に頼るしかない。

コーヒーはアフリカの奴隷によってアラビア半島にもたらされたという説もあれば、いやいや、イスラム研究者によってアフリカから持ち込まれたのだというものもある。そして普通に貿易に端を発するというものだ。いずれにしても、飲酒が禁じられているイスラム教において、寺院で夜通し祈り続ける事もある文化圏で眠気を吹き飛ばしてくれるコーヒーが馴染むのは頷ける。しまいにはアラブ文化圏でカフェというものが文化の中心地として栄えたのが、次第に聖地巡礼者とともに世界へと広がっていったようだ。

欧州へは、コーヒーは二つのルートをたどったようだ。ヨーロッパ西部には一六〇〇年代に腕利きで知られたオランダ商人の船によって伝わったとされるが、イギリス人とフランス人はどうもどちらも自分達のお陰だと言いたいようだ。ただ、イエメンのモッカからアフリカのまわりをぐるりと帆船で回り欧州に「黒い黄金」が伝えられたというのはどうやら本当らしい。オランダ人の前に、一六一五年にエジプトから地中海を渡ってコーヒーを伝えたイタリア人、つまりベニスの商人が存在した可能性も否定はできないだろう。ベネツィアでは、コーヒーはすぐに定着し、アルコールやチョコレートと肩を並べる存在となった。イタリアのコーヒー、またはイタリアでのコーヒーの飲み方は既に確固たる地位を築いている。ただ、コーヒー業界のプロに言わせると、イタリアのコーヒー文化がそこまでもてはやされる根拠は無いそうだ。というのも、イタリアのコーヒーの品質は往々にして低く、栽培に関する環境への配慮や倫理的な面も、ピザ屋の安い大量生産のホットコーヒーの傍では北欧ほどに人々の関心を引かないようだ。もちろんコーヒー文化も楽しみ方も多様である事は申し添えておこう。

歴史に話を戻そう。少しずつカフェはヨーロッパの大都市に増えていった。ロンドンに最初のカフェができたのは一六五二年だと言われる。パリには一六六九年、ストックホルムには一七〇八年。フィンランドの当時の首都、トゥルクには一七七八年にカフェができている。当時ヨーロッパでは、コーヒーはアルコール中毒や通風、天然痘に効能があると信じられていた。

植民地支配によってコーヒー栽培は一七〇〇年代、東アジア、南米へも広がっていく。

世界最大のコーヒー栽培国ブラジルのパライバ渓谷においてコーヒー栽培が始まったのは一七七四年である。急激な生産増大の背景には暗い歴史があるのは想像に難くない。そのころブラジルに一五〇万人の奴隷が連れて来られ、労働力に当てられている。奴隷制度が廃止されたのはやっと一八八八年になってからで、すでにブラジルのコーヒー生産国としての地位は確立されていた。今でもブラジルは世界のコーヒー豆の生産量の三分の一を、さらにドリップコーヒーの殆どを占めるアラビカ豆の半分を生産している。

アフリカから始まり、世界中に広がったコーヒーの栽培は一八〇〇年代にエチオピア、ケニア、タンザニアにブラジルで栽培された豆が逆輸入される形で地球上を一周している。

コーヒーの灌木はどこでも自生するものではなく、赤道を挟んで北と南の回帰線に挟まれたあたりが自然の生育条件に適した地域となっており、コーヒーベルト（地帯）と呼ばれている。気温は年間通じて摂氏二〇度を超え、火山灰の土壌が好ましく、日光と雨量がバランスよく降り注ぐ必要がある。

国際コーヒー機関ＩＣＯ（International Coffee Organization）は、ブラジル、ベトナム、コロンビア、インドネシアそしてエチオピアをコーヒーの五大生産国に掲げている。ブラジルは文句のつけようのない一位ではあるが、アジアとアフリカの国々も入っており、コーヒー豆の栽培が世界各地に広がっているのが見て取れるだろう。

また一位を維持するのも楽ではない。なぜならブラジルのコーヒー豆の評判は決して良いとは言えないし、ブラジルの生産者たちは長い間、質より量に力を入れていると言われてきたからだ。このイメージは一九六〇年代に政府のとった政策によるところが大きい。市場のニーズを満たすための低価格と固定生産量確保を強固に推し進めたからだ。その後二〇年程の間、質の良い豆を悪いものに混ぜて政府の求める生産量を確保するという状態が続いたが、一九八〇年代にやっとこんなことではいけないと固定生産量が廃止された経緯がある。

二〇一七年、イギリスの経済紙ファイナンシャル・タイムズがブラジルのコーヒー生産における問題点とサステナビリティについて記事にした際、彼等はＦＡＦ農場の五代目フェリペ・クロシェと父のマルコスを取材した。世界中で読まれている経済紙の取材対象者となったことで、本書の主役であるクロシェ一家も、彼らがやってきた事、将来への展望と彼等の言葉を体現する農場により、サステナブルなコーヒー栽培の代弁者として注目されるようになった。二〇一七年春に私たちが農場を訪れた際、フェリペはコーヒーを振舞いながら自身の体験を話してくれた。アメリカの大学で学んでいる時、両親がやっているコーヒー農園について指導教員に話したのだそうだ。というのも、この教員が焙煎所をやっていたからだが、最初彼は一緒に何かやろうか、コーヒー農園はどこにあるんだ？と勇んで聞いてきた。ブラジルだと伝えた途端、話しをつづけようとしたフェリペを丁寧かつきっぱりと遮ったのだった。ブラジルのコーヒーの味が全く好きになれないというのが理由だ。この話には続きがある。

最近では、このブラジルのコーヒーは美味しくないという偏見も少しずつ払しょくする事ができるようになってきた。生産量が多いだけでなく、もともと豆の品質も多様だからだ。そしてブラジルのコーヒー生産農家の七〇％は小規模、つまり一〇ヘクタール未満の作地面積しかない。

世界のコーヒー消費の殆どは西側諸国によるものだ。ということは生産国には床にこぼれ落ちたような豆しか残らない事になる。下から二番目の質が悪い豆はネスレのような多国籍企業の工場でインスタントコーヒーへと加工され、西側そしてロシア等での消費者向け飲料となる。ヨーロッパの北へ行けばいくほど、コーヒーの消費は増える。人口密度の低い北の果てに住むフィンランド人達は一年で国民一人当たり一〇kgのコーヒーを消費している。他の北欧諸国もコーヒー消費において大きな差はない。

それでも我々は、コーヒーが本当はどこから我々のもとへやって来るのか、知っているだろうか。またはルーツを知る気は少しでもあるのだろうか。いったいどんな人たちが、我々にこの朝の一杯のための豆を栽培しているのか。そして我々の選択がコーヒー生産国の人達や環境にどんな影響を及ぼし得るのかということを。地球温暖化における私やあなた、一人一人の果たす役割は何だろうか。こうした疑問にコーヒーを探検する旅の間に答えていきたいと思う。

コメクイドリ（ボボリンク）の旅へ　サンパウロ〜ストックホルム

ブラジルのコーヒー栽培者、マルコス・クロシェはサステナビリティな栽培についてひとかどの伝道師だ。彼はブラジル国内だけでなく、海外も周って自然に寄り添った栽培について伝え続けている。息子のフェリペが大体同行していて、彼の知識や経験、そして存在が既にコーヒーの将来を象徴しているかのようだ。この二人が私たちのコーヒー革命［本書の原題はフィンランド語では『コーヒー革命』］の主要登場人物となる。

二人に初めて会ったのは二〇一五年八月、陽光がさんさんと降り注ぐストックホルムのコーヒー・フェスティバルだった。その時に私たちは、この本の種を撒いたと言ってもいい。オーガニック栽培を進める彼らの頭に植え付けたというのはおこがましいだろうか。出会った場所は、業界人があつまる場所であったとはいえ、中立的だと言えるだろう。マルコスはコーヒー革命は、まさに余計な先入観の無い北欧から始まったと言っている。

コーヒー関連の見本市やフェスティバルは世界各地で開催される。こうした機会は焙煎所、生産者、小売り業者にとっても業界内だけでなく、消費者と対面し、日常で飲んでいる飲み物についての考えを深めてもらうまたとない機会だ。こうした場で、ここ数年はコーヒーの世界の「サード・ウェーブ」について語られることが多い。サード・ウェーブとは原料としてのコーヒーに注目し、栽培された地域、コーヒー豆の収穫方法、そして焙煎のもたらす味への影響といった様々な点に注意を払うということだ。その前の段階を考えると自然な流れだろう。第一の波はコーヒーの消費量を増やそうという動きだった。各地でコーヒー・チェーン店が増えるにつれ、コーヒーが日常的な嗜好品になり、大部分の人々の日々の生活にコーヒーが深く根を下ろすことになった。第二の波では、カフェラテなど「アレンジ・コーヒー」が定着し、より質の良い豆からコーヒーが楽しまれるようになった。そして第三の波、サード・ウェーブである。どこで栽培されたか、つまり生産地から焙煎まで加工のプロセス全体を考慮して購買の意思決定をするという点からして前の二つの波とは異なる。ワインやクラフト・ビールについては既にこうした選択がなされて久しい。コーヒーも、ワインなどと肩を並べる関心の対象となってきたという事だ。

ストックホルムで語るマルコスの話は、相手の心に直接響く。目は輝き、口元には笑みがたたえられている。息子フェリペの方はより分析的だが、若い彼らしく、父親の話を補う時にも言葉の端々から彼の理想が感じ取れる。醸し出す雰囲気が異なるように、講演などへ呼ばれて喋る際の役割も自然と分かれているようだ。ストックホルムのコーヒー・

フェスティバルを主催しているスペシャルティ・コーヒーの焙煎企業大手であるヨハン&ニュストロム社のラルス・ピレングリムはクロシェ家のFAF農場が他と一線を画するのは、クロシェ達が、近隣の生産者にもサステナブルな栽培を継続するよう呼び掛けている点だという。

父子がサステナブルなコーヒーの栽培を説いて回るとき批判の対象となるのは汚職にまみれた地元政治家だけではなく、害虫駆除や遺伝子操作で地球を我がもの顔で汚染し、問題の多い多国籍企業のモンサント社、そして大規模栽培を行い収穫も機械化している農家の数々、不備の多いオーガニック栽培の認証ラベルの仕組み、児童労働や奴隷を思い起こさせる劣悪な環境で働かされる人々の人権問題、生産量に応じ価格が決まる仕組み、数十年続いたマーケティング担当者たちがやってきた消費者への洗脳、といった数々のことが彼らが彼等の気持ちを乱すようだ。

クロシェ親子の話からは、コーヒーと、世界をよくしたいという思いと、変化への思いが伝わってくる。私たちも彼らのそばにすわり、ストックホルムの夜は地元のクラフトビールを片手に熱く語られる議論とともに更けていく。まわりにいるのはコーヒー業界を次に支えていく若い世代だ。彼らにとっては、コーヒー文化が意味するものは、コーヒーへの愛と自分や身の回りの大切な人たちを、そして環境を守ることが多くを占める。

マルコス・クロシェの物語は一九五二年、ブラジルのサンパウロで始まった。家族はイタリアからの移民で、ブラジルで奴隷制が廃止されてまもなく一九〇一年に大西洋を渡ってきた。当時は奴隷が居なくなった労働力不足をイタリアや日本からの移民で埋めており、マルコスの祖父母は他の仲間と共に新天地へと夢を託したのである。ただ、すぐにコーヒー農園に行きついたわけではなく、学のあった人間として、薬局と小売り店で商売を始めた。マルコス自身は旅が好きで貿易業を始めた。コーヒー農家になるつもりは無かったんだと言う。

「本当はビーチが好きなんだ。なのに農場は内地にあるだろ?」と自分で笑いながら説明する。

マルコスの両親は医者だったので、マルコスと二人の弟がきちんと教育を受けられるように配慮していた。弟たちはエンジニアになり、マルコスは経営者となった。高等教育は当時のブラジルでは誰もが受けられるものではなかったし、マルコスはその点今でも中流の家庭で教育を受けられ、結果的に人生で選択肢を得られたことを感謝しているようだ。

彼の会社は、ブラジル国外へ現地のガラス製品や、ベーキング関連の台所用品といった商品を輸出していた。本人いうところの「ガラクタ」だ。一九九〇年代に入り、ブラジルの経済が発展してくると、皆の視線が様々な可能性に満ちたアメリカに向いていく。一六〇〇年代から世界中の移民を魅惑してきた国だ。ブラジルの政治界は汚職ニュースにまみれていたし、どんな規制や法律が出てくるのか分からず、将来が見えない中、長期の展望を抱くのは難しい。

一九九一年、マルコスとシゥヴィアはまずは二〇年の予定でアメリカに移住した。三人の子供たちは西側諸国の文化の中で育ち、父親がアメリカン・ドリームを目指す中、アメリカの教育を受ける事となった。ただ、マルコスはしばしばブラジルやほかの国を仕事で訪れていた。フィンランドやスウェーデン人とさえ商売をしていたという。

マルコスが自然や環境、特に多様性への意識を高めるきっかけとなった時期は一九九八年のことだ。彼のアメリカ人の友人でイリノイ州自然保護団体の会長から役員へと誘われたのだ。貿易をやっているマルコスを迎えることで活動を広げる点でも、何らかのシナジー効果をねらったようだ。

「最初に会った時に鳥の絵が描かれたマグカップをくれたんだ。この鳥の名前はコメクイドリというらしい。偶然だけど住んでる通りの名前がコメクイドリ通りというんだが、近所のだれもこれが鳥の名前だって言うのを知らなかったのさ」マルコスは笑いながらつづけた。「でもなぜコメクイドリなのか？　それはこいつらが毎年ブラジルに飛んでまた戻ってくるからだ。それからアメリカでどうやって大豆やトウモロコシが、そしてブラジルでサトウキビ、コーヒーと大豆が栽培されているかという話になる。（今のままでは）もうすぐコメクイドリはいなくなってしまう。鳥だけじゃない、ミミズも、ミツバチも、それどころか水も。少し後になって分かったんだ。自分達もブラジルとアメリカを行き来するコメクイドリなのだと」

それからしばらくして、商売がなんだか単調に感じられ始め、アメリカでの生活もあらが目立ってきた。マルコスは自分の人生に商売以外の意義を探し始めていた。

「ブッシュ大統領がイラク戦争を始めた時は本当に失望した。これらの事がきっかけでアメリカでの他のあれこれも疑問に感じ始めた。色々仕事の面でも不満が溜まっていたんだと思う。金は稼いでいたけれども、それはただの物質だ。人間が本当に必要としないものだ。自分が収入として得ていた金は、自分が本当に欲しいものを手に入れるには足りない。欲しいものは金では買えないものだったんだよ」マルコスは続ける。

「アメリカでは皆が、君がどんな価値のある人間なのかを知りたがる。どれだけ稼いでいるかでコミュニティに受け入れられるかどうか判断される。薄っぺらいことだ。人間関係も、抱擁は心からの抱擁じゃない。本当は触れたいとすら思っていないんじゃないだろうか」と頭を振った。

二〇〇一年にシゥヴィアの父親が他界した時、人生における転機という考えが徐々にマルコスの心の中に芽生え始めた。彼はアメリカでは良くも悪くも多くの事を学んだ。そしてアメリカン・ドリームに惹かれてアメリカに移住した彼は、別のドリームを胸にブラジルへと戻ることにしたのだった。

「シュヴィアには言ったんだ。『子どもたちに二つのものを与えてやりたい。まずは飛び立てる翼、次に根っこだ。農場へ戻ろう。自分達にはできる！　五年でコーヒーについて学んで、何とかやっていけるだろう』ってね」

アメリカからはもう十分受け取った。そしていつか家族は国に戻る日が来るだろうと考えていた。マルコスにとって世界に知られるボサノヴァの名曲「イパネマの娘」の作曲者アントニオ・カルロス・ジョビンの言葉「アメリカは素晴らしいけれどクソみたいなところだ」を引用し笑った。

アメリカで暮らし、教育を受けることで、子どもたちは偏見なく広い視野を持った若者たちに成長し、旅や異文化への好奇心も旺盛だった。彼らにはしっかりとした自我と勇気と、家庭で培われた正義感がマルコスのいうところの翼を与えたと言えるだろう。しかし根っこ、つまり自分の拠り所がなければどこにいっても疎外感を感じてしまい、自分のホームが分からなくなる可能性がある。

「だから子どもたちには、常に自分のルーツがブラジルの豊饒な大地にあるということは忘れて欲しくなかった」とマルコスは説明する。「結局は自分の心があるところ、大切な人がいるところが家だ。屋根が無くても我が家だと感じることはできる」

家族の計画にこれまで農場は入っていなかったのだが、シュヴィアの父が他界し、様々な偶然も重なって農場は彼等が所有することとなった。以前から定められていたかのような進み具合だ。

「シュヴィアの父は五か所の農場と会社を持っていたから、まぁうまくやっていたんだ。四か所の酪農農場は利益を上げていたからすぐ相続が決まったが、誰もコーヒー農園を欲しがらなくて。そこには従業員へ対する社会的そして経済的責任も絡んでくる。相続する子供は娘が四人、それぞれ農場を相続した。シュヴィアの母も農場を所有していた。義理の弟は金をもらって面倒から解放されたんだよ」と笑った。

戻ってコーヒー農場をやろうというマルコスの提案に対し、シュヴィアの反応はただ一つ、「オーガニック栽培でなくては！」

シュヴィアは自然に寄り添った考え方が、環境への意識の高い人たちの間で広まる前からこうした事への考えを深めてきた。若い頃に思ってもみなかった方向、ミツバチからそれを悟ったのだ。父の農場でミツバチの多さとコーヒーの木に咲く花の受粉に忙しく飛び回る様子を飽きずに眺めていた。そして現在では効率重視の農業、汚染、気候変動によるミツバチその他の送粉者（昆虫）の受難については周知のとおりだ。栽培植物に殺虫剤を散布すれば昆虫は真っ先に死滅し、送粉者であるミツバチが減少する影響は早い段階で目に見えるものとなる。

「ミツバチは花が無いと生きていけない。年間を通じて様々な花とそして綺麗な水が。

そして養蜂家はハチや自然の状況に敏感でなくてはならない」

マルコスが妻のことを語るとき、その言葉は愛情と尊敬に満ちている。それが長い結婚生活の秘訣なのかもしれない。シュヴィアが微笑みを浮かべながら、初めてマルコスに会った時、この人はクレイジーだと思った、と語ったのと同様、マルコスは彼女に対して他の人と違うと思ったそうだ。

「そこがいいと思ったんだ。若い時シュヴィアは変わり者だった。養蜂をやっていたんだ。普通は男性が仕事をして家族を養うと思っているから、南米の女性はそこまで野心を抱かない。彼女に惹かれたのは、母親の影響があったのかもしれない。我が家の大黒柱は母だった。父は医師だが研究者でもあり、学位と教える事にしか興味がなく、経済的な事はからきしだめだった」

農場において、ミツバチの果たす役割は大きいため、当然のように養蜂も並行していた。その後文学と語学を学んだシュヴィアは人生最大の変化をミツバチを通じて体験することとなった。

「妹に養蜂をやろうと言ったの。信じられない体験だったわ！」とシュヴィアは昆虫たちの織り成す音のカーペットの下で私たちに語ってくれた。「本の中の世界から、生きている世界へ出てきたようなものだったわ。無心に蜂の世話だけに心を傾けるの。（女王蜂が）どの巣穴に卵を産み落としていくのか、どのように日々変化があるのかを見ていくと、蜂の世話というのは世界一の瞑想法だと思う。羽音を聴きながら没頭していると外界の事は忘れてしまうわね。同じころ、環境についての勉強を始めて、すべてが繋がっているという事を知ったの。例えば殺虫剤を撒いたら、別の所でそれがミツバチへ悪影響を及ぼすという事を。オーガニック栽培とは何かという事を考え始めたのは一九八二年の頃だった」

実際に農場が自分達のものになってから、様々な事柄がシゥヴィアの意見を取り入れ大きく変わっていった。マルコスも妻の唱える「教義」に従うしかなかった。

最初の十年は夫婦の生活と仕事の拠点がまだアメリカにあり、そこからブラジルへ指示を出しながらの運営だったため、事は容易ではなかった。そして徐々に、農場運営に時間がかかるようになり、現場で指揮をとらなくてはならない状況が増えて行った。

「シゥヴィアが農場を受け継いだとき、一つだけはっきりしていたんだ。殺虫剤を撒かないという事だよ。そうしたら様々な問題が起こり始めた。農場の運営について自分は素人だ。ただ自然は好きだったから、徐々に色々な物事が腑に落ちていった。農場は美しく、絶対に次の世代に残したいと思った。これは自分の子どもたちだけではなくあのあたりで生まれる次の世代全員にという意味だ。農場には何軒も家があって、若い世代が仕事は無いかと戻ってくるんだ」

初めの頃は、マルコスの林業工学を学んだ弟シロも農場の改革に手を貸してくれていた。彼にはオーガニック農園に住んだ経験があり、栽培するうえでの木々の役割についても知識があったからだ。

「もっと木を植えようと弟が言ったんだ。こんなにたくさん植えてどうするんだろうと思ったけれど、一〇年後には樹齢一〇年だ。だからすぐに始めるという事には賛成したよ」息子のフェリペは木々の重要性をさらに強調するが、それについては後述する。

クロシェ家が農場の運営を始めた二〇〇〇年代の初め頃、オーガニック栽培がトレンドとなり、他の農家も自然に沿ったやり方を導入し始めた。ただこれは簡単なことではない。転機を迎えるときにも、自分達、そして従業員は食べていかなくてはならない。

「当時は五〇家族が住んでいて、農場内に学校もあった。もし利益が十分あがっていればそれでもいい。義弟も農場を手放したりしなかっただろうさ」

しかし農場は少しずつ変わり始めた。マルコスは妻と息子に胸の内を明かした。「将来の展望はなかなか見えず、それを考えるのにかなり時間を取られた。シュヴィアにとっては倫理とモラルが何よりも大切な点だ。銀行家で哲学家だった父親によく似ている。時間が経つにつれて、妻の言う事は理にかなっていると思うようになった」

フェリペにとって、祖父の農場は、フィンランド人がサマーコテージに抱くようなイメージを意味する。そこに行けば、動物と触れ合え、森から直接ベリーを摘むといった具合に。フェリペの仕事は、シュヴィアの言っていることがしっかり機能するものだと知らしめることだった。

「母はいくつかのルールを設けた。自然に優しい農法であること。そして経済的に自立できる農園であること。この方程式をどう解くか。自分で、良い産物を育て、成功することを証明しなくてはならない。ただそれには品質やビジネスモデルのためだけじゃない、もっと幅広い視点が必要だ。多品種を栽培し、近隣の生産者へ、じゃあうちもやろうという気にさせ、生産者としての誇りを取り戻してもらうぐらいのね。生産者は芸術家みたいなものだよ」彼はなかなかのロマンチストだ。

フェリペは限り無い情熱をもってコーヒーの世界に身を投じた。彼の中にコーヒーの未来が見えるような気さえする。少なくとも、その選択肢の一つを。

アスファルト・ジャングルからカウボーイの国へ

フェリペ・クロシェは一九八七年八月一三日にサンパウロで生まれた。三歳の時に、輸出入を営む父マルコスの商売相手が、子どもはアメリカで産むと良い［出生地主義で国籍が付与される点］という話をした事があった。一九九〇年の暮れ、出張から戻り、妻のシュヴィアが三人目の子供、フェリペの妹となるリタがお腹にいることを告げ、マルコスは家族でのアメリカ移住先はシカゴと提案したのだった。

クロシェ家はできるだけブラジル人や南米人が少ない地域でアメリカ生活を体験をしよ

うと考え、シカゴのすぐ北にある人口三万人のハイランドパークへと引っ越した。フェリペによると、この町にはゴルフ場が八カ所、シナゴーグが一二カ所、銀行が一三行もあった。つまりはユダヤ系住民が多く、殆どが医者か弁護士ではないかという住民構成だったという事だ。その結果サンパウロ出身の小さな少年はその後も折に触れて直面する、人生初のアイデンティティの危機をここで体験することになった。

逆に母親のシュヴィアは初めて自分の同類を数多く見つけた気がしていた。一九九〇年代の初め、ブラジルでは女性の地位は西側諸国のそれには程遠かったからだ。シュヴィアにとって、ユダヤ人社会の女性たちが教育を重視していたことも大切な点だった。そしてクロシェ家が移り住んだ地区には教育レベルの高い学校が存在した。

アメリカの学校に馴染むのはそう簡単ではなかった。フェリペは学校の昼食時にも切ない思いをしたようだ。というのもランチボックスにはオーガニックのりんご、オーガニックの食材で作ったサンドイッチなどがよく入っていたからだ。他の生徒がポテトチップスやチョコレートバーを昼食に食べる中、こんな健康食品と自分のチョコバーを交換してくれるクラスメートなど誰もいなかった。

義務教育ののち、フェリペはミズーリ州のセントルイス・ワシントン大学に入学し、勉強をつづけた。学校のサッカーチームでプレーし、時々名前や浅黒い皮膚のために差別的体験をする以外は、普通のアメリカ人の学生と変わらない生活を送っていた。フェリペは、小学校の頃の思い出を苦笑しながら語ってくれた。教師が出席を取り、フェリペの名前のところで興奮して「メキシコ人の生徒を受け持つのは初めてだ！」と叫んだという。

フェリペは、国際関係学を学んでいたが、卒業後の計画は白紙だった。ただ二〇〇六年に受講した「君も起業家にならないか？」という授業は、自営業の父を手伝ってきて、世間の権威に対して漠然とした不信感を持っていた彼の人生に方向付けをしてくれた。それだけではない、偶然だが教員であるハワード・ラーナーがコーヒーにかなりのこだわりを持つ人物であったことも幸いした。

ハワードは自ら「カルディのコーヒー」という焙煎所のオーナーをしていた。このカルディという名前に聞き覚えがおありだろうか？「コーヒーの起源で出た、エチオピアのヤギ飼いのこと」

「二〇〇六年、世界中を見渡してもスペシャルティコーヒーに力を入れているカフェなどほとんどなかった。しかし、アメリカの主要な町トップテンにも上がらない、ここミズーリ州セントルイスにはそんな場所があったんだ。あそこであんな深いコーヒー文化に出会うなんて偶然とは面白いものだと思うよ」と北欧のコーヒー・フェスティバルの夜の喧騒の中でフェリペは語った。

フェリペがコーヒーに興味を持ったのは、ハワードと知り合ってからで、それまでは子ども時代に馬に乗ったり、従兄弟たちと遊んだ農場の昔の思い出くらいしかなかった。ハワードに会ってからすぐ、フェリペは五年程前に母が相続したコーヒー農園について話した。

「ハワードは、それはどこにあるんだと聞いたから、ブラジルだと言った。途端に彼は興味を失った。びっくりして理由を聞いたんだ。そうしたらブラジルのコーヒーの味が好きじゃない、と言われた。彼は美味しいブラジルのコーヒーを味わったことが無かったんだよ」

ブラジルのコーヒーへの否定的な感想にも関わらず、彼らは友人となった。起業家講座で実地研修の時期がやってきたとき、フェリペは「カルディのコーヒー」で働くチャンスを得た。そこは、それまでのアルバイトとは全く違った雰囲気の場所だったようだ。「以前は金融機関で、技術関連の製品を南米の国々にリースしていたんだ。仕事は機械的で、全く心がこもっていないものだったし、好きになれなかった。でも卒業したらそういう所で働くんだろうなと漠然と思っていたんだ。そしてハワードの所に研修に行った。初めて倉庫の焙煎所に足を踏み入れた時の事は忘れない。音楽がガンガンかかっていて、体中タトゥーだらけで顎ひげをもっさり生やしたカフェイン中毒の男たちがコーヒーについて熱く語り合っているんだ。かっこいいじゃないか、と思った」

この倉庫スペースが、フェリペにコーヒーの世界の焙煎というものを見せてくれることになった。フェリペの仕事はボス、つまりハワードの手足となり焙煎やバリスタの仕事、そしてカッピング、つまりティスティングにも参加することだった。特にカッピングはフェリペの関心を引いた。

「コーヒーを美味しいと思ったのは初めてだった。その時の豆はエチオピアのハラーでベリーと花のような味がした。それまでの人生で一度もそんなものを味わったことはなかった。舌で感じた瞬間、『コーヒーがこんな味がするなんて、俺は何て無知だったんだ』と思ったよ」他にもグァテマラとブラジルの豆を味わったが、ブラジルの豆があの中では一番つまらない味だったと彼も認めざるを得なかった。「その時ほんとうにブラジルのコーヒーはダメなんだと思ったのさ」

後日、オーガニック栽培に乗り出した母たちのコーヒー農園のサンプルの豆を勇気を振り絞ってカルディのコーヒーの焙煎担当をしていた友人に渡してみた。彼らはそれがブラジル産だという事をにわかには信じられなかったらしい。

当時はコーヒー業界でも少しずつ、新しい風が吹き始め、カルディのコーヒーのような小さな焙煎所やスペシャルティコーヒーに特化したカフェが世界中に誕生し始めていた。同時に消費者たちも、オーガニック栽培のものを選択するという消費行動を示すようになってきた。ちょうどいいタイミングで業界への変化の風とクロシェ一家のやってきたことが噛み合ったわけだ。まだ希望は残されていた。

フェリペの同級生たちは二〇〇九年五月、アメリカのリーマンショックの後に卒業していったから、多くがなかなか職を得られない状況だった。それでなくてもフェリペが表現したように、世界が縮小しているような時期だ。ただ、フェリペは高校卒業後に一年間、母語であるポルトガル語をしっかり学ぶためバックパッカーとして自分のルーツをたどりつつ南米中を回り、同級生より一年卒業が遅くなる見込みだったが、彼の運命も徐々に定まりつつあった。

「大学の最後の学期が始まった頃に家族全員が僕の所に遊びに来たんだ。夕食を楽しんだあと、両親が口論をして、皆も言いたい放題だった。農園の経営がうまくいっていなくて、父の会社も破産へ傾きかけていた。父はブラジル製品をウォルマートのようなところに卸していて価格競争にまきこまれたんだ。ドルの価値が下がってブラジル製品の原価が上がった為に、ウォルマートがもっと安い中国製品を仕入れるようになったんだ。同時期にブラジルでは労働賃金の上昇が毎年続いていた。それは労働者にとってはいい事だけれど、農園の人件費が何倍にも膨れ上がってしまったんだ。最初はドルとレアルの貨幣価値は四：一でレアルが安かったのに、アメリカの不況で一・六ドルが一レアルにまで上がり、そして農園には一七〇名もの従業員がいた」フェリペは当時を振り返る。

オーガニック栽培への転換にもかなりの費用がかかったうえ、初年度は生産量が八〇％も落ちた。土壌を健康にもどすプロセスは、薬物依存症の治療に似ている。いきなり麻薬をやめると、回復するまでにかなりの時間がかかるし、麻薬の様に、急激に栄養を補給してくれるようなものが無いという状態になる。まず土壌が自然な状態に慣れなくてはならないからだ。それまでの費用が膨れ上がり、生産量は激減し、皆の感情がささくれ立って家族の関係も悪化していた。マルコスの事業はまだアメリカで続いていて家族の生活を支え、農園の経営は遠くから現地で働く友人を通じて指示を出しながら行われていた。そして口論に疲れ果てたフェリペは、怒号の中で大きな決断を下したのだった。

「もう黙ってくれよ！　僕が農場に引っ越せばいいだろ？」

二一歳のフェリペが大学を休学してブラジルへ引っ越し、五代目の農場主となった。家族の中で引っ越したのは彼が初めてだ。

「そのころは無知だったし、そんなに難しい事じゃないと高をくくっていたんだ。問題を解決して、アメリカに戻って大学を卒業し、学位に見合った仕事を見つける予定だった。アメリカにも仕事が無かったし、ごたごたを解決できる。農場の仕事も気分転換になるだろうと思って」

事はそれほど簡単ではなかった。農場の状態は悪く、当時の農場長は敷地内の建物の家具や備品、家畜まで横流しして金儲けをしていた。さらに従業員の妻たちを誘惑したりする救いようがない人物だったので、フェリペはまず彼を首にするところから始めた。そしてその代わりに自分がとりあえずその役をこなす訳だが、何も知らない、アメリカ育ちの二〇歳そこそこの若者がなんとかなるだろうと思っていた訳だ。

「ブラジルに行く前は、ハワードの店で学んだことで、スペシャルティコーヒーについて少しは知っている気でいたんだ。ハワードは現地に行ったら、雇い人には熟したコーヒーチェリーだけを摘むように言えと言われていた。だけれど、そんな単純な事では済まなかったんだ」

雇い人たちが真実を悟るまで長くはかからなかった。

毎朝七時に、彼らはフェリペのところに今日の仕事の割り振りを聞きに来る。「ボス、今日は何を？」農場長不在のため、フェリペは順番にそれぞれの担当が何だったかを聞かなくてはならない。

「トラクターを運転してます」一人が言う。

「OK、じゃあトラクターを運転してくれ」フェリペは次の雇い人に向いて「何をやってたんだ？」

「絞ったミルクを集めてました」

「よし、じゃあミルクを回収してくれ」といった具合である。

雇い人たちにも、すぐにフェリペがただの若者で農場の運営について何も知らないということが知れ渡り、彼等はこれまでと同じように仕事を回し始めた。

農場に住むという事は、フェリペにとっても大きなカルチャーショックだった。よくも悪くもその仕組みは植民地主義の遺産ともいえるだろう。

農場主の家族は伝統的に、農場コミュニティ全体の世話をする父母のような存在だととらえられていた。父母が子どもたち（つまり雇い人）に指示を出すので、自分の頭で考える事はあまりない。農場内には大体学校があり、生活必需品を売る店すら存在した。もちろん住居と電気は無料で提供される。つまり農場に雇われると、給与に加えて衣食住が保障されるのだ。フェリペはアメリカの経営の授業で学んだことを思い浮かべ、この仕組みを見直そうと思った。「彼等の給与を払って、住居も光熱費も負担し、それぞれの世帯には働き手は一人しかいない。その他大勢はいわゆるただ飯食らいのようなものだ」

フェリペはこの事を皆に伝えたところ、予想通り大反対が起きた。

雇い人たちは怒り狂い、フェリペの既得権益への介入を非難し、これまでのやり方を維持しようとした。当時は農場の上下関係がしっかりしていなかったから、雰囲気は悪くなり、雇い人の家族同士でも言い争いが絶えなかった。数名がリーダーの椅子をめぐって争い、フェリペは人間関係の仲裁もこなさなくてはならなかった。

「最初の一年はもうおかしくなりそうだった」とフェリペは静かに振り返る。それまで馴染んだ世界から、一人で全く違う場所へ乗り込んだ若い彼にとっては密度の濃い一年だった。彼の両親はアメリカで商売をたたむ準備を進めていたし、フェリペの妹の高校生活をサポートしている所だった。

フェリペが農場に移住した最初の年の間に、彼の言う所の『カウボーイ生活』にも多少憧れは感じたとはいえ、数多くいた家畜も殆ど手放してしまった。農場を継続していくなら一度に一つの事に集中して取り組むべきだということが見えてきたからだ。

「作地を区画整理して、例えば近所のサトウキビ栽培農家に賃貸した。自分達の作地面積を縮小したんだ。雇い人にもだいぶやめてもらって、一からやり直そうという事になった」

収穫の時期になって、マルコスは近隣の農家をフェリペに紹介し始めた。マルコスの会社を通じ、近所の農家のコーヒー豆を外国へ販売していたから、殆どの生産者を知っていたということもある。そしてクロシェ一家はコーヒーの輸出をするためのコメクイドリ・コーヒー（Bob-o-Link Coffee）というネットワークを築いた。

特にマルコスが知っていたオーガニック栽培生産者がフェリペに影響を与え、マルコスも彼に息子を頼むと伝えていた。

「エミウソン・ザンの農場は山の頂上にあって、もう一人の友人ジョアン・ハミウトンの土地の近くだった。エミウソンは三九歳のオーガニック栽培農家で、この地域全体の農業と発展について素晴らしい考えを持っていた。それに比べたら自分は単なる理想主義が詰まった、お仕着せの資本主義を学んだだけの若造だったよ。僕は世界をより良い所にしたいと思っていたから、大学では周りにヒッピー扱いされたけれどね」

若いフェリペは貧困のどん底にいる生産者たちに次々と知り合った。二〇〇〇年以降、コーヒーの価格下落は留まるところを知らなかったから、生産者はどんどん借金を重ねる事となった。大規模農業を実施するところに価格では勝てないから、最後には廃業に追い込まれる。しかしエミウソンは違った。彼はビジョンを持ち、オーガニック栽培を貫いていた。自分の作地だけでなく、周囲の汚染された自然を回復させ、周辺の生産者をオーガニック栽培へ導かなければと考えていた。

しかしフェリペにとっても悲しい結末になってしまう。

「エミウソンに会ったのは六月だった。そして八月には彼は死んでしまった」フェリペは涙をぬぐおうともせず続けた。「胃がんだったんだ。エミウソンは農場の外での最初の繋がりだった。僕のブラジルでの最初の指導者だったんだよ。彼のビジョンを受け継いで、周辺の生産者もそれを信じるようになった。『俺たちはやれる』と信じて。これには感動した」

私たちはフェリペが落ち着くのを待った。ストックホルムの柔らかい夏の夜のコーヒー・フェスティバルで、周囲のざわめきが心地よく感じられる。

エミウソンは生前、フェリペにジョアン・ハミウトンを紹介してくれていた。彼は父マルコスとともにエミウソンの臨終に際し、手を握り見送った生産者の一人だった。彼の死を看取った者たちで、エミウソンのサステナブルなコーヒーの栽培を、自然の維持と、そして皆の協力体制を受け継ごうと誓った。そしてこの辺り一帯をまた良い形で繁栄させるのだ。

「彼に初めて会った時に言われたんだ。『初めまして。私はジョアン・ハミウトン。世界一のコーヒーを作りたいと思っている』僕は『僕もです』と返したよ」フェリペの表情は感動とユーモアとが入り混じったものだった。

しかし状況は込み入っていた。エミウソンの死、フェリペの生活における孤立は若い男性にはかなりの重荷だったろうし、周囲に頼れる人間もいなかった。

「父がよく言っていたのは、『何をやるにしても一番になれ、誰も二番の奴なんて覚えてないもんだ』ということだった。ブラジルのことわざで『二番手の馬には汚い飲み水しか残っていない』というものもあるしね」と続ける。

もう現実に立ち向かうしかない。まずフェリペは自分の知識が限られていることを認め、日々の仕事について教えを乞うことにした。そのために農場長として、フェリペの祖父の代にここで働いていて、しばらく遠方へ出ていたラウロという男を雇い入れた。ラウロの娘、シモーヌはこの農場で生まれ、小学校高学年まで農場内の学校に通っていた。現在シモーヌはQグレーダーという資格を持ち、フェリペの右腕としてすべての分野で重要な存在となっている。Qグレーダーとはコーヒー業界で非常に重用される資格で、この保有者は公式にもコーヒーの品質を評価できるし、スペシャルティコーヒーなのか、一般コーヒー（メインストリームコーヒーとも呼ばれる）レベルのアラビカ豆なのか、質の良い、つまりファイン・ロブスタ豆なのかどうか、または大量消費用の粗悪品なのかに応じて点数をつけることができる。

「シモーヌは本当に全部仕切ってるんだよ。彼女はこの農場で、倉庫にも入って男どもにきっちり作業の指示を出せた最初の女性だ」とフェリペは笑った。声の調子に彼女への深い信頼と尊敬がにじみ出ている。

少しずつ、農場も機能し始めた。コーヒーはより良いものに改良されつつあり、今度は土壌の健常性と強い太陽光をやわらげるシェードツリーの役割へと農場での仕事の焦点が移っていった。より多くの野菜などがコーヒーの木の畝の横に植えられるようになった。そうするとだんだん口コミで農場のことが地元だけでなく海外の焙煎所にも広がるようになってきた。最初の一年が過ぎて、フェリペはヨーロッパへと旅立つことにした。大学を卒業しなくてはならなかったし、二〇一〇年二月に自らの大学を通じ交換留学を申し込んで、ポルトガルへと旅立ったのだ。

「母語をポルトガル本土で勉強したかった。ブラジルで話されているポルトガル語と元々のポルトガル語がかなり違うという事はすぐに感じたよ」フェリペは微笑む。

交換留学のあと、フェリペはロンドンのコーヒーイベントへ赴いて、その次に世界で最も有名なコーヒー業界のプロ、ノルウェーのティム・ウェンデルボーの学びを得るため二週間ノルウェーへ渡った。その次にストックホルムへ向かい、ヨハン&ニューストロム社［共著者の勤める焙煎カフェチェーン経営の大手］のヨハン・エクフェルドの元で二週間を過ごした。

「彼らのやり方を見て自分で真似てみた。そうやって少しずつコーヒーについて学んでいった。コーヒーについて基礎から学んだことは無かったし、僕はアメリカの焙煎所で少し働いたことがあるだけだ。栽培については現地の農園で経験がある栽培者たちに学んだ。ティスティングと焙煎については、父によると「なんでも一番の奴から学べ」と言われていたから、助言に従って欧州へと旅したんだ」

最初の計画では、フェリペは農場の状況が改善したら、アメリカに戻り好きな事をする予定だった。しかしこの頃、スペシャルティコーヒーの人気が急上昇し、フェリペはコーヒーの世界にとどまることにした。

「二〇一〇年の収穫シーズンに農場に戻ったあと、半年ほどロサンゼルスに住む彼女の所に引っ越したんだ。ベニス・ビーチに住んで、栽培したうちのコーヒーの流通も、地元の友人の手を借りてなんとか捌く事ができた。ロサンゼルスの焙煎所で自分も働いたけれども、当時あのあたりは失業率が二七%もあって本当にしたい仕事が見つからなかった」

「収穫期の前に旅をして、どのようにコーヒーを扱うべきかを学んで、別の場所では卸売の方も不在ながらも支持を出して切り抜け、そして農場に戻ったんだ」

フェリペの恋人は、二〇〇九年にしばらくの間農場に滞在したが、二〇一一年の収穫期に当たる五月、もうブラジルには戻るつもりはないと言った。遠距離恋愛もうまくいくとは考えられなかったから、フェリペは恋人と農場という愛する二つのうち、どちらかを選ばざるを得なかった。

「焙煎からカッピングまで、コーヒーの実際的な品質の話が分かるのは家族の中で僕だけだった。実際、焙煎を含め全体のプロセスがどう機能しているかを他の人に教えるのに五年はかかる。だから、この時は一人で農場に戻った」フェリペはまだ何かを探し求めているような雰囲気を漂わせていた。二〇〇九年、最初に農場に移住した時、恋人との関係は一番うまくいっているときだった。

「彼女のことを本当に愛していたんだ。スカイプで会話して、外は小雨が降っていて、突然インターネット接続が切れた。僕はちょうど『ブラジルに来てくれたらいいのに』と言ったところで、彼女が快諾してくれた直後だった。Wi-Fi も何もない田舎で電話もいつも通じるわけじゃない。数日後やっとインターネットにつながって連絡が取れた時には、彼女は既に航空券を手配して出発するところだったのさ」と当時を振り返る。

オーガニック栽培をする農場に住むことになったので、料理人になろうと勉強していた訳でもないアメリカ人の恋人はいわゆるカルチャーショックやジェネレーションギャップから逃れることはできなかった。彼女はマルコスとシュヴィアに美味しい夕食を作ってあげたいと、わざわざ町の食品店から青カビチーズ、ナッツ、キノコ類、といった珍しい食材をたくさん仕入れてきた。

「夕食は素晴らしかったよ」食べ終わってから父が彼女を部屋の隅へ呼び言った。「いいかい、この辺りではわざわざ珍しい食材を買ってきたりはしないんだよ。自分達で栽培してるものを食べるのが普通なんだ」
その時の光景はなかなか面白いものだったようだ。
「その後に彼女が一生懸命なにかメモを取っているんだ。何かと思えば、『食べたいものを全部書き出してるのよ。人参を食べたいから種を植えるの。そうそうビーツも植えなくては……』」フェリペはニヤリと笑った。笑い話にしているが、両親が築き上げたオーガニック農場とそのルールの中で生活するのは生易しいことではない。

彼の話を聞いていると、自分からはそう言わなくても、しばしば家族の犠牲という言葉が思い浮かぶ。若い彼が農場での最初の数年間の話をすると、それまで暮らしたアメリカでの経験から起こるカルチャーショック、孤独、メンターの他界、そして失恋などが思い出され、気持ちがかき乱されるようだ。

「もっと若い頃は、特に一人で農場に乗り込んだ時期は家族のために自分の人生を犠牲にしたと感じたこともあった。特にフェイスブックで友人たちがいかに人生を楽しんでいるか投稿しているのを見たりするとね。そして自分はどうかというと何にもない田舎の農場でポツンと取り残されたような気持ちだったし」と当時を振り返る。

妹や弟が好きなように生きているのに自分だけ農場の手助けに行くのは容易な事ではなかったが、フェリペはそれでも自分が恵まれていると話す。セントルイスの焙煎所で働く事を選んだのも自分自身の選択だった。

現在ではオーガニック栽培も時代の流れに即した方法だ。最初フェリペはなぜ母親がそこまでオーガニックということにこだわるのか理解できずにいた。オーガニック栽培にこだわらずただ品質が良い作物の栽培に力を入れる方がずっとやり易いからだ。農場で過ごす時間が増えるうち、フェリペはサステナブルな栽培方法の重要性を徐々に認識していった。その場に適したシェードツリーの配置、健康な土壌、自然の（生態系の）調和などがそれだ。同時にフェリペの仕事も広い視野で全体をみなくては話にならない。農場では生物学から化学が関わるし、そして農場の経営からクリエイティブなマーケティングまで考える事は多岐にわたる。

世代の違いによる両親との考え方の違いも存在する。母親のシュヴィアが土壌とその自然な状態を大切にするのに対し、若いフェリペは地面ではなく視線が上に向いている。後日、シュヴィアは分かりやすい例を教えてくれた。「フェリペが前の冬に私たちに怒っていたのよ。コーヒーの木が数本ほど元気が無くて、私とマルコスは収穫が終わったばかりだから回復が遅れているのだろうと、コーヒーの木々の根元と地面ばかり見回っていたの。

そうしたらフェリペが戻って来て、『なぜこれが目に入らないんだい？　シェードツリーが［日光を遮りすぎて］コーヒーたちをダメにしてるじゃないか！』と。私たちがちゃんと気を配っていないと憤慨していたのね」

スペシャルティコーヒーとは何か？

スペシャルティコーヒーは、エスプレッソをベースとしたものではないと知ったら殆どの人が驚くのではないだろうか。誤解の原因は、自宅で簡単に淹れられているドリップコーヒーが普通で、カフェで技術のある本職のバリスタが淹れてくれるカプチーノやラテ等、ミルクを温めたり、泡立てられているものとの違いがスペシャルティコーヒーだと思っている人が多いようだ。実際コーヒー業界で言う『スペシャルティコーヒー』とは、品質に関し厳しい減点方式で採点され、一定の点数に達したもののみを指す。

コーヒーの品質は、決して個人で異なる味の感覚ではなく、国際的な審査基準により、一〇〇点満点で八四点以上に達したものがスペシャルティコーヒーと称される。従って安く大量に消費される豆は、多くが八〇点にも遠く及ばないものが多い。豆の審査においては、対象の生産ロットで減点が少ないほど高得点となる。焙煎前の生豆は目視にて審査される。できるかぎり外見が均一で、欠点豆が少ない事が求められる。焙煎後の豆は次に、香りと味の点で評価される。しかし深煎りし過ぎると、燻製のような臭いが混ざり豆の欠点が隠れてしまい審査が不可能になる。

カップに入れられたコーヒーからは、豆の欠点は苦み、泥くささ、土くささ、かび臭さといった雑味として現れる。ディフェクト、つまり欠点は精製段階の失敗や誤った収穫時期の結果だが、そのロット全体をだめにしてしまう。コーヒー一杯分、つまり七g分の豆に一粒でも欠点豆が混じると、カップ一杯であろうと土付きのじゃがいものような香りがはっきりとわかる。これらの特徴は、残念なことに貧困であえぐ国、ブルンジやルアンダ産のコーヒー豆に特徴的だ。この二か国からは非常に高品質かつ豊かで、興味深い味わいの豆も同時に産出されるため、現状は非常に残念な事でもある。ただこれらの国では、欠点豆を減らす設備投資にかける時間もお金も無いという状態が続いている。だからこそ、生産者たちが栽培を続けられるように我々がこれらの国々のコーヒーを長い目で支援する必要があるだろう。

審査に話を戻そう。一〇〇点から減点するディフェクトは、生豆のサイズが小さすぎる事、同時に収穫されたロットの豆の大小の差が著しい事、色みの悪さ、またロット全体での豆の色が不均一だったり、割れた豆、虫食いがあることも減点対象となる。これらすべてが味の変化に大きな影響を与えるからだ。業界のプロは、豆を見ていなくとも浅煎りのコーヒーを味わう事でこうした欠点を判別する事ができる。苦みであれば、素人でも味の強さと刺すような味覚として、舌の先の部分で感じ取ることができる。この苦みを感知すると、反射的に水を飲んで洗い流したくなると言われる。苦みと深みは混同してしまいがちだが、味の深みは口の中を満たし、後味として楽しめるのに対し、苦みは口内を乾燥させ、喉の渇きを覚えさせるという所が違う。コーヒーはしっかりとした味があってしかるべきだが苦すぎてはいけない。また、日常会話では酸味と渋みと苦みも混同することがあるが、コーヒーの味において、酸味は大切な味の要素である。我々は、ワイン、お菓子、ベリー、そしてデザートに酸味を好む。逆に熟す前に木からもがれたりんごは酸っぱいだけで美味しくない、未熟なコケモモも渋みしか感じない。こうした酸味、渋みは美味しいコーヒーの味ではない。

一〇〇点満点のコーヒーというものはほぼ存在しないが、最近世界中に八四点以上のコーヒー、つまりスペシャルティコーヒーが殆ど、またはそれしか取り扱っていない企業が増えてきている。点数が高いほど生産者に対する買取り価格は上がる。コーヒーのカップテイスターにおいてはいわゆる学校で教える職業資格は無く、技術は職場で師から弟子に似た形で受け継がれる場合が多い。生まれつき味覚が鋭敏な場合はこの業界でも非常に役に立つだろう。味覚を鍛える事もできるが、それには時間も忍耐力も必要だ。カップテイスターは香辛料が多い食べ物は避け、たばこやアルコールの摂取も制限するストイックな生活を送る必要がある。

CQI（The Coffee Quality Institute）は国際的に活動するNPOで、コーヒーの品質を上げ、生産者の生活の向上に努めることを目的としている。また業界向けにQグレーダー制度という国際的なコーヒーの品質鑑定士の講習及び試験制度を設けている。この資格の重点は品質の改善、生産量の増大そしてサステナビリティである。Qグレーダーの最終試験に受かるのは並大抵のことではない。講習で学ぶ知識は合格しなくてもコーヒーの流通において無くてはならない内容だ。

コーヒーのQグレーダー資格を取った者は世界で約四〇〇〇名。彼らは、エチオピアで強風が吹いた年か、それとも雨の少ない年だったか、また海抜何mぐらいの高地で栽培されたコーヒーかも味で判別する事が出来る。初心者にも取っつきやすいのは加工方法、地域、そして国を当てるといった事だろう。

Qグレーダー資格の比較として、ワインの世界のマスターソムリエ資格を上げるとご理解いただけるだろうか。一九六九年から実施されている試験であるのに、マスターソムリエは二〇一七年時点でたった二四〇人しかいない。この資格保持者はワインの香りと味でこのぶどうがローヌ川の北か南か、どのワイナリーのものか、そして生産年まで言い当てることができる。受験者の多くは普通の生活を犠牲にし数年かけて準備するが、狭き門のようだ。

誤解を恐れずに言うと、このマスターソムリエ資格はどうにも難関にすることでワインの世界を閉鎖的にしているようだ。しかしコーヒーのQグレーダー制度は難しくはあれど、広く門戸を開いている。なぜなら、市場で出回っているコーヒーの中にはまだ質の悪いものも多く、CQIのような機関が業界全体とコーヒー品質の底上げを目指し、人々に情報を提供しているからだ。

スペシャルティコーヒーの場合は量より質が重視される。そして最初から最後まで手作業である。種子を撒く、芽が出ると天候から苗を守る。苗木を畑に植え替える。年間通じて雑草を抜く。収穫では完熟のものだけを手で摘み取る。膨大な手間である。地面に落ちたり、熟し過ぎたものや、逆に未熟なチェリーは対象外だ。収穫後、摘んだチェリーを更に手で選別する。

店頭では、スペシャルティコーヒーの値段は大量生産の豆とはかなりの差がある。価格が高いのは品質もさることながら、豆をここまで手作業で栽培、収穫、選別、精製してきたコストがすべて含まれている。すべて機械化作業で栽培、収穫されたコーヒーがずっと安価なのは言うまでもない。さらに、スペシャルティコーヒーの栽培では肥料も減らし、コーヒーの木もシェードツリーの近くに植えられ、あえてゆっくりと育てる。こうすることで、大量に肥料が撒かれて強い直射日光を浴びているコーヒーに比べ、豆の味に深みと幅が増す。しかし生産量は少ない。特に最初のうちは。

第２章

自然の風水

環境の要塞とジョン・ロコの教え

私たちの最初のコーヒー革命の旅先はストックホルムだったことは既に話した。そこはコーヒーについて熱く語る、オープンでとんがった人たちの集まりだった。二番目の旅は二〇一七年五月、コーヒーの原点ともいえるブラジルはサンパウロ州モコカ区となった。ここにクロシェ家のファゼンダ・アンビエンタル・フォルタレザ農場（ＦＡＦ農場）がある。農園では丁度コーヒー収穫の時期でそれぞれ赤や黄色に熟したコーヒーチェリーがたわわになる灌木があちこちに茂っている。日光で温まったコーヒーチェリー乾燥台が並び、オーガニック栽培の土の香りなどが入り混じる中、私たちは五感を研ぎ澄ましすべてを感じ取ろうとしていた。

サンパウロからここまで車で四時間かかる。後半はかなり路面も悪い。数年前は主に馬で農場間を移動していたというのも頷ける道中だ。有難いことに私たちは四駆のＳＵＶに載せてもらい、日が暮れて夕食の頃合いに農場に到着する事が出来た。満点の星空がガレージから離れへの道を照らしている。昔の牛小屋を改築し、台所と食堂、居間を兼ねた居心地の良い場所だ。

クロシェ家の人々は私たちを温かく出迎え、農園に滞在している他の来客にも紹介してくれた。彼らの中には、生豆の買い付けに来ていたスウェーデンのラルス・ピレングリムと仲間たち、そしてフェリペ・クロシェが経営するカフェ、イッソ・エ・カフェで働くサンパウロ在住のワゴ・フィグウェラがいた。ワゴはよく手入れされたヒップスターらしい口ひげ、タトゥーに加え、いつも笑顔で、フェリペがセントルイスの学生時代、カルディのコーヒーで出会ったコーヒー狂いの同僚たちがそのままここにいるようだった。夕食は、農場で取れる作物が余すことなく使われていた。チーズも含めすべてオーガニックだ。私たちのようなベジタリアンにも肉以外にすべて代替メニューを用意してくれ、クロシェ家のもてなしは実に素晴らしかった。ワインボトルが開けられ、テーブルの端から端まで数か国語で今日の出来事についての会話が交わされていた。

翌日、マルコス・クロシェは私たちを、農場内にあった古い校舎の教室内にある木製の机に座らせた。二〇年前には八〇人の生徒を三交代制で教えていた場所だという。農場を分割し、雇い人を解雇しなくてはならなくなってから、多くの家族が都会へと移り住んでいき校舎も不要となった。今日、マルコスは私たちに人生と一体となったこの農場の話を語ろうとしていて、古い校舎はまさにうってつけの場所だった。マルコスが人生の荒波をくぐり抜けた生物の教師だとすると、私たちは北の果てからやってきて、子ども用の椅子におさまらない少々成長し過ぎた都会育ちの生徒といったところだろうか。マルコスの話は聴き手を惹きつけ、農場の食事を知らせる鐘が鳴ってやっと、座りっぱなしで自分の足が強張っているのに気づいたほどだった。

マルコス・クロシェは五〇代で農業へと転向したから、年齢的にも批判的な見方も身に付くものだ。二〇〇一年にシュヴィアとマルコスが農場を相続した時、人生が変わった。そしてそれまで貿易業をやっていたマルコスが、物欲の赴くまま何も考えずに買い物をするということができなくなった。そしてファゼンダ・フォルタレザ農場の名には真ん中に**環境**を意味するアンビエンタルが加えられた。自然に寄り添って生きるという新たなルールと目標を定めたために、すべての事で制限が生じてきた。

「なぜ人々はアメリカに行きたがるんだろう？　稼いで、物を買うためだ。自分もアメリカに渡り、同じようにやってきた。でも幸せにはなれなかった。何かが足りないんだよ。自然と付き合うようになって、土や、水、体に良い食べ物を知り、目が覚めた。自然から多くの事を学んで、何が足りなかったのかが見えてきたんだ」

マルコスは認証団体に助けを求めた。農場を審査し、適合すれば特定の認証を出す組織だ。彼らは農作物に栄養を与えるべきだと考えた。化学肥料を与えたくないのであれば、他の栄養分が必要だと。彼らは農場で育てている作物と家畜を計算した後、肥料が足りないと断言した。

「私はその時点でもうどうにでもなれという気分だったんだ！　彼らはたい肥をもっと

購入し、人を増やし、コンポストを増設し、更にコーヒーの木に肥料を撒きやすいよう様々な設備投資をするように言ってきた。かなり高くついたけれど、言われた通りにした」マルコスは当時を思い出し身震いした。しかしあまり効果は無かった。「彼らのアドバイスに従ったのに、コーヒーの木たちは枯れてしまった。最初の五年間は彼らのいう事を聞いたがために、生産量の八割を失った。無意味だったよ。これを見て彼らは、コーヒーの木が疲弊しているからすべて剪定し、最初から始めるべきだと言った。何でそれを最初に言わないんだ？　つまりは向こうにもちゃんとした知識が無かったのさ」マルコスは大きく息を吐いた。

そしてマルコスは近所に住むホァオ・ペテイラ・リマ・ネト、あだ名でジョン・ロコ、または「クレイジー・ホァン」と呼んでいる人物に会った。ジョン・ロコはこれまでマルコスの人生の出来事で、農場とともに最高の出会いとなり、そして彼はマルコスの師となった。マルコスは彼の事を「母なる大地の父」とも呼んでいる。

「実に多くの事を彼から学んだ。彼はすべてを失って農場の評価額の三倍の借金を背負っていた頃、農作業も含めていったん何もかも放り出したんだ。そして何が起こるか、ただ見ていた。毎日自分の農場を歩き回って様子を見ていると段々状況が変わってきた。彼が歩き回ったことは農場にとっていい結果をもたらしたとも言ってもいいかも知れない」

かつてアメリカン・ドリームを追い求めて二〇年も資本主義にどっぷりつかったマルコスにとって、何もしないでいるのは非常に辛い時期だった。彼はすぐにでも作物を収穫したかったし、売れるものはすべて換金したかった。しかし買い手はマルコスのオーガニック栽培のコーヒー豆を見て、費用はもっとかかっていたのに対し、ニューヨーク市場価格に五セントから一〇セントしか上乗せしようとしない。

ジョン・ロコは言った「何もするな。観察しろ。まず自分の立ち位置を知らなきゃいけない」

マルコスはまず自分自身をなだめなくてはならなかった。

ジョン・ロコのアドバイスは続く。農場には小さな池があり、そのそばに切り立った岸がある。ここに様々な樹木を植え、そばに看板を立て、植えた時期や大切な情報を書き込んだ。そしてマルコスはこれらの木々を観察する事となった。木々が互いの成長に影響するのか。植えた場所はどうか。水源から、またはジャングルからの距離はどうか。

マルコスはジョン・ロコの教えに従っていった。

「まず川まで歩いて、反対岸へ行きたいからとそのまま水に入りはしないだろう。岸から何かを掴んで水流に投げ、流れの速さを把握する。その後上流へ行き、流れを見て水へ入り安全に反対岸へ渡る。そうすれば何も問題は起こらない。さて、始めようか。農場にどんな木々があるか。土壌にいい影響を及ぼす木はどれか。何もせずともすくすくと成長しているものはどれだ？　つまり、それ以外の植物は常に世話が必要ということだ。よく見ろ！　コーヒーについて話すのはその次だ。どこでコーヒーが育ちやすいかを見るんだ。この場所ではよく育っていて、あちらでは成長は遅い。なぜだ？」マルコスは手を大きく振り回し、表情豊かに続ける。

「それから、離れの建物をどうにかしたいと思ったんだ。今そこには大きな台所もある。私は離れの窓からみえる果樹園の近くへ手を加えた。離れのうしろにパティオを、そして屋根を取り付けた。一〇〇年前からある美しい果樹園が良く見えるようにね。でもなんだか果樹園が打ち捨てられているように見えたんだ。そこでいったいどうしたらいいかジョンに聞いた。ジョンは質問に質問で答えた。お前は果樹園をどうしたいんだって。美しい果樹園にしたい、と僕は答えた。彼は美しいってどんな？　と聞いてきた。ヴェルサイユ宮殿の庭園のようにか。作業員を一二名あてがってくれればお前が思う美しい果樹園に造園しよう。それとも母なる大地が持つ美しさか？　多様な母なる大地のようにか。もっとよく観察しろ。木々の下には雑草が育ちにくいのは分かっただろう。さらに木を植える必要がある。多くの木々の根から土壌が豊かになる。雑草が育ちにくい仕組みを作るんだよ。そして二、三頭の羊を放牧すれば雑草が餌になる。そうすれば雑草そのものが育たないから、抜く必要もない。川をよく見て、逆流に向かって歩かないのと同じ事だ」マルコスは私たちに教える。「あの日に、農場を変えようと決めたんだ」

こうしてジョン・ロコの教えに沿って最初の十年が経った。マルコスによると本当の変化を起こすには一〇〇年かかるという。しかし一〇〇年後にはすべてが調和の中で成長し、人の手が不要な農園が出来ているだろうとマルコスはいう。果物、花、豆、そして最高の品質のコーヒーが実る農園が。

「じっくり取り組んだんだ。一〇年という年月がかかったけれど、私にとっては一瞬だった。そして勉強料も高くついたが、毎回農場に行くたびに新たなことを学んだ期間だった」とマルコスはいう。

最近ではニューウェーブのコーヒー栽培について環境に見合った農業、つまりクライメート・スマート・アグリカルチャー（Climate Smart Agriculture：以下ＣＳＡ）と呼ぶことが多い。ＣＳＡはある種、農場で実現可能な混作やクロシェ家がやっているようなアグロフォレストリー（森林農業）の栽培メソッドを包括的にカバーする言葉ともいえるだろう。アグロフォレストリーとは、この場合で言うならコーヒーが他の樹木の木陰で育ち、植生も周辺の生物も多様性がありすべてが調和し育つというものだ。自然の多様性を排除し、その土地で一番生産性が高い作物だけに集中する近代農法に比べればずっとサステナビリティはある。

近代農法とは違い、サステナブルなコーヒー農園では、熱帯雨林を伐採する事はない。反対だ。こうした農場ではさらに植樹を進めコーヒーの木が必要とする木陰を増やしていく。樹木の根は地中深くから地表へ向けて水分を吸い上げるので人工的に水やりをする必要性が殆どない。木々は鳥や昆虫へ巣作りの場を提供し、これが害虫駆除に役立つ。この辺りに人間用の建物を建てる計画があったとしよう。しかし丁度その辺りでコーヒーの木々が健やかに成長していれば、人間が使う建物は他の場所に建てるのだ。人間より自然を第一に考える。コーヒーの灌木は殆ど直線の列で植えられている事は無く、あちこちに分散して、広い面積に生えている。農機でこうした急な斜面や熱帯雨林が生い茂る場所に入り込むのは至難の業だから、ほぼすべてが手作業となる。

「以前、アメリカのウェスタンイリノイ大学の教授がやってきた事があった」とマルコスは話し続ける。「色んな人が双眼鏡で木の上の鳥を見に来るけど、彼女の場合は違った。拡大鏡でずっと地面に這いつくばって土を眺めてるんだ。五〇種類ぐらいの拡大鏡を膝に広げて土壌と数百万の微生物の活動を調べていた。考えたことがなかったけれど、ラウンドアップを除草剤として使っている近所の農場へ行ってみたら、土壌に微生物も何もあったもんじゃない。土が死んでるんだ」

マルコスは健全な土壌と近代農法を分かりやすい例として取り上げる。近代農法では生産性を最大にし、一年おきに片方の作地でコーヒーを栽培し、翌年もう片方で栽培する。こうしないと土壌の栄養分が枯渇し将来何も育たなくなってしまうからだ。このような土地に棒を突き立ててみると棒は折れるほど地面が固い。健康な土壌であれば、握りこぶしを地面にあてると何の抵抗もなくこぶしが土に埋もれるほどの柔らかさだ。

「太陽が照り付け、養分もたくさん与えてやればコーヒーも最大限に実る。だがそれは自然な姿ではない。UTZ認証は受けられるかもしれないが、収穫されたものに化学物質が含まれている可能性がある。これらの作物の成長はホルモン入りの餌を与えるブロイラーと似ている」

コーヒーは簡単に育たない作物だ。かなりの水分と、もともとの土壌の養分を根から吸い上げるため、持続可能な栽培でなくては長期継続は難しい。効率性を重視すると成長は早く結実も多いが、その作地のライフサイクルがかなり短くなってしまう。そして効率の良い農業をするにはかなりの作地面積を必要とし、農機が「バリアフリー」にすいすい移動できなくてはならない。農機のためだけに作物はまっすぐな畝に植えるとなると、邪魔になる木々はすべて切り倒すことになる。打撃を受けるのは自然の多様性だ。熱帯雨林が切り倒され、広大な畑があちこちに生まれる。立派な木々が無くなると、木陰がないためコーヒーの木々は直射日光にさらされ、同時に大きな木々の深く張り巡らされた根が吸い上げてくれていた水分も地表近くでは得られず水分が不足する。従って日差しで作物が枯れないよう大量の灌水が必要になる。作物の為に、飲料水にも使える綺麗な水を使うと新たな問題が生じる。多くのコーヒー産出国ではそれでなくとも水不足に悩んでいるからだ。

もう一つコーヒーの難しい点は、成長良く豊かな収穫を求めるには火山灰地で豊かな土壌でなくてはならない。地球の温暖化については既に起こっていることではあるが、気温が上昇したからといって、土壌が豊かでない北欧でコーヒーを栽培する事は不可能だ。気候変動、そして地域的な問題、作物の病害（さび病など作物の病害）がコーヒーにとっての最大の問題で、近い将来コーヒーの運命を決めると言ってもいいだろう。世界中で、前述の気候変動その他の問題がある以上、消費行動を劇的に変えなければ、コーヒーを飲むことはできなくなる。

つまり土を慈しんでやらなくてはならないのだが、マルコスによると、土壌に手をかけても同じ場所は七〇年しか使えないという。その後は休耕する必要があり、これはコーヒーだけではなくすべての作物に共通する。一〇〇年前、ヨーロッパからブラジルに入植がはじまり、熱帯雨林を伐採し、地の植生を燃やしつくした。ブラジルでは、開墾をしたものがその土地を所有する事が出来るという一五〇〇年代から続く慣習があったという。森林のままでは所有することはできないのだ。ヨーロッパ人は、しかし大事なことを忘れていた。森林伐採の後所有し、栽培しつづけたいのであれば土地を休息させなければならないことを。

「アメリカとヨーロッパで殆どの森林が伐採された後、生産コストが安い貧しい国々が対象となった。どうやったら安く食物を生産できるか知ってるかい？　労働力または自然を搾取する、でなければ品質を下げるんだ。値段を下げ、それを維持するにはこれらの方法しかないんだよ」マルコスは続ける。

休耕せず、その後化学物質にさらされ続けた土地は、普通よりもさらに回復に時間を要する。さもなければ完全な死滅が待っている。北ヨーロッパでは、寒冷地のために一期作しかできず、その後何ヵ月にもわたって土地が雪に覆われる。これは逆に土壌には必要な休息でもあるのだ。ブラジルでは温暖な気候のために常に土壌から何かが芽吹く。フル回転で使われるために、自然の回復力だけではとても足りないが、数十年も休ませている余裕がない。すると人工的に何かしなくてはならず、ここでマルコスのいうところの大企業の破壊への道が始まる。

「バイエルやほかの大企業が戦後に土壌改良と種子改良も行った。同時に化学物質を継続的に投与し続けて土地をダメにしていったんだ。なぜそこまでやったかって？　雑草が育つからさ。雑草と同時に害虫も駆除する。いたちごっこで段々害虫にも耐性ができてくる。自然の摂理だよ。この死の農業がすべてを殺していく」マルコスは吐き出すように言った。


結局の所、死の農業には多国籍企業のビジネスが絡んでいて、サステナビリティとその理想的な形などが入り込む余地は無い。二〇一六年秋にドイツ化学企業の大手バイエル社はアメリカモンサント社を六六〇億ドルで買収し、種子事業でも世界最大規模となった。

モンサント社は過去二〇年以上アメリカの穀物及び大豆ビジネスを遺伝子組み換え製品で牛耳ってきた。うがった見方をするなら、死んだ大地で作物を栽培し、突然変異でラウンドアップにも耐性がある害虫にも負けないようなスーパー種子とでもいうべきものが必要となるだろう。モンサントは自社のビジネスを正当化するのに、来たる食糧不足に対応する為だと主張しているが、彼らのやり方と動機はどう考えてもサステナビリティにも事実にも即していない。

国連の食糧の権利であるヒラル・エルヴェル氏、および人権特別報告者バスクト・トゥンジャク氏は二〇一七年公開された報告書にてモンサント社や類似企業のやっていることについて、少なくとも食糧生産に関しては雑草に化学除草剤を使う事はただの気休めだと断罪した。「除草剤を多く使う事は食糧確保には全く効果が無い」こと、逆に、彼等の報告書（https://www.ohchr.org/EN/NewsEvents/Pages/DisplayNews.aspx?NewsID=21306）によるとこれらを使わない方が収穫量は増えるという。問題は、貧しく、教育を受けていない生産者たちは、億単位の商売をする大企業の除草剤を売る企業から情報を得ている所にあり、この場合除草剤を使わないという選択肢はありえない。国連がこの企業の身勝手なやり方を責めると、企業側は生産者が不注意なのだとうそぶく。

有難いことに、この業界でも労働者側の主張をし、自分達で学び、サステナブルな発展をしていこうという声もある。いい例としてはブルンジで活動するアメリカ人、ベンとカースティのカールソン夫妻が二〇一一年に始めたロング・マイルス・コーヒー・プロジェクトだ。カールソン夫妻は、もともとブルンジのコーヒーを買い付けようとブルンジを訪問したのだが、結果的には地元にコーヒーの加工所を建設することになった。目指すところは、地元の小規模な生産者に情報を伝え、世界各国の焙煎所と直接取引ができるようにすることだ。それにより生産者も収入が上がり、自主的にコーヒー生産量を上げ、コーヒーの品質向上にも力を入れるようになる。カールソン夫婦はコーヒー業界にブルンジの生産者たちの物語も発信している。

東アフリカに位置するブルンジは世界でもっとも貧しい国の一つだ。コーヒー農家の年間収入は平均四〇ユーロしかない。これまでの間、ブルンジ産コーヒーは大量消費目的で安く買い叩かれてきたし、実際あまり良い豆ではなかったようだ。カールソンたちはまずブルンジの栽培農家の生活の質を上げようと考えた。そして元々少ない収入を化学肥料などで無駄遣いする事の無いよう、彼らの生活向上をできるだけ自然な、サステナブルな方法で実施しようとしたが、生産農家たちは、一定の枠にとらわれていた。彼らは、土に栄養を与えるように言われ、それに従い、収穫も一定の方法でやるように指示され、疑問すら持っていなかった。人は新しいものごとに不安を感じるものだ。だから化学肥料や除草剤の使用をやめようと提案された時、地元生産者たちにとっては、収穫がどうなるのか分からないのにかなりの不安を感じた事だろう。たまたまカールソン夫妻は、不可抗力にも助けられた形となった。ブルンジに化学肥料を納入していたノルウェーのヤラ社でトラブルがあり、肥料などが納品されなかったのだ。すると生産者たちの恐れとは逆に、化学肥料も除草剤も与えられなかったコーヒーの木たちが生き生きと成長し始めた。二〇一七年終わりにはロング・マイルズ・プロジェクトはオーガニック認証プロジェクトも開始する事になった。

死の農業の対抗馬として見られることの多い認証システムだが、実は疑問点も多い。もともと農業に一定標準をもうける事で、農作業をする人々に人間らしい労働環境と生活できる収入を保障すること、そして化学肥料の使用を減らす事が目的だった。初期の段階では、こうした認証は消費者の中でもごく一部の、情報にアクセスでき、教育程度が高いと言われ経済的にもゆとりがある顧客層が好んでいたと言える。しかしフェアトレード認証のバナナが手に入れやすい価格と品質を確立し、それ以外のバナナとほとんど違いも感じられなくなったころから認証制度の知名度も人気も上がってきた。北欧のような教育水準が一定レベル以上の国では、消費者はこうした商品を選ぶことで社会に影響を及ぼそうという考えが強い。二〇一〇年代の平均的なヨーロッパの消費者は社会的にも環境面でも、自分の選択が及ぼす影響にかなり関心がある。こうして認証制度が売上にも影響を及ぼすとなると、認証制度の間で競争のようなものが生じることになった。現在最も知られているのはフェアトレードだが、ウェブサイトの理念の部分で「フェアトレードでは、公正な貿易の実現によって、世界から貧困がなくなり、生産者が持続可能な生活を実現し、自ら未来を切り開いていける世界を目指します」［https://www.fairtrade-jp.org/about_us/strategy.php］と掲げている。つまり焦点は人間の労働環境と生産者の収入だ。その次に環境にやさしい事と品質が述べられている。フェアトレードの認証については持続性がない点が批判されている。コーヒー生産農家は品質が要求されるレベルに達していれば自由市場からより良い価格で買い取ってもらえるため、フェアトレード認証ラベルの維持は付加価値のない余分なコストと感じられる。トレンドや人々の関心も時代により変化してきたため、今では多くの市場でオーガニック認証の方がフェアトレードよりも重要視されている。これは消費者が自分の健康を気にかけることから消費者行動が変化する、分かりやすい例だ。欧米の消費者はオーガニック認証がついている食品であれば集約農業の食品より高くても喜んで払うようになってきている。しかしオーガニック認証は、労働環境には焦点を当てておらず、純粋に自然と環境に配慮したものであって、そうすると過酷労働などは看過されてしまう。

品質に着目するサードウェーブコーヒーの業界人たちの間では、既存の認証システムはこれまで同様狭い範囲——環境または労働者の権利——に集中するだけであれば、意味をなさないのではないかという議論が活発だ。この議論を裏付けるように、二〇一七年、幅広く環境やサステナビリティ、農作業をする人々の権利を推進するレインフォレスト・アライアンスと、コーヒー、ココア、お茶類の社会的、環境的側面に集中していたＵＴＺ

が合併を決めた。［二〇二〇年共通の認証を始めるべく二〇一九年六月に意見公募を開始 https://www.rainforest-alliance.org/business/ja/solutions/certification/2020-certification-program/］組織はレインフォレスト・アライアンスの名称で統一し、気候変動を少しでも遅らせ、サステナビリティと農作業をする人々の労働環境を改善推進していくことを目指すと言っている。地域はインドからインドネシアまで、そしてグアテマラからガーナと幅広く大陸を網羅する。こうなると、全体的に様々な要素をカバーできる認証に近くなり、コーヒーパッケージの側面に印刷されるロゴも、消費者にとって環境だけでなく、農家や地球の将来を考えて安心できるものとなり得るだろう。ただ、それでもトータルクオリティのコンセプトには当てはまらない。なぜなら、品質に関しての認証も可能にするコーヒー業界団体との連携が無いからだ。自由市場が品質に関し、より高い値段をつける以上、認証システムの監査人が持つ禁止事項のリストは生産農家の興味を引く事は無いだろう。

　認証が目指すところは崇高だが、さらに大切なことはサプライチェーンにおいて、コーヒーのサステナブルな生産そしてそれに関わる生産者の労働環境の保障を目指すべきだということだ。これらの点は大手のコーヒー焙煎企業にも繰り返し、声を大にして伝えるべき点でもある。企業はなんといっても利益を上げることが第一義だからだ。世界でもっともコーヒーの個人消費量が多いフィンランドのグスタフ・パウリグ社は公に倫理的な行動規範に基づいて活動していると言っている。広報部長アニタ・ラクセンに質問したところ、企業はＵＴＺ認証コーヒーに対して五〜一〇％上乗せした買取価格を提示しているとのことだった。

「私たちはできるだけ多くの倫理的、環境原則に基づいた複数の認証を持つだけでなく、生産者の利益も継続して改善できるプログラムを通じて豆を調達するようにしています」という回答が得られた。「この認証プログラムへの参加は生産者にとって自主的で無料なものですし、生産者はサービスの提供者に豆を売るという義務付けもありません。プログラムに参加する生産者とは、一緒に農場の費用と利潤を計算し、どうしたら農場経営を黒字へ転換していけるかを検討し、社会的、環境的なリスクも調べます。プログラムは継続して改善していくことが基本で、地域の農学者と農業科学者、そしてその他の開発学の専門家たちと一緒にプログラムのその後のフォローアップも行われます」

このようなプロジェクトの一つが、Coffee & Climate（コーヒー&クライメート）で、パウリグ社はその他の大手と共にこのプロジェクトに関わっている。しかし、こうした組織の運営に費用を投じて議論をするよりも、安く大量に買い付けられる豆のキロ当たりの価格を数百円分でも引き上げるのはどうだろうか。そうすれば生産者が手にする金額は上がり、同時に買取条件としてサステナブルなコーヒーの栽培を要求できる。

市場に安くコーヒーを提供している大手企業は、労働環境および人権の面でも問題がある農場からコーヒー豆を仕入れていることで批判を浴びてきた。児童労働や低賃金はこうした農場では日常茶飯事だ。フィンランドの非営利消費者団体Finnwatch（フィンウォッチ）は、これらの問題を明るみに出し、二〇一六年秋のレポートの中でパウリグ社についても言及している。当時のパウリグ社調達部門長であるカタリーナ・アホ氏は最大日刊紙ヘルシンギン・サノマットの取材で指摘された件は古い話であり、同社が仕入れた豆も少量だったと、さほど問題視しなかった。アホ氏はまた、認証を受けた製品を取り入れる事で、企業責任が増し、監視を強化すれば不当な事は行われないだろうと述べている。コーヒーのトレーサビリティは当時パウリグ社にとっては解決法とみなされておらず、またトレースする事も不可能だという。例えば生産国のうちコロンビアでは各農家が零細で、すべての生産者まで辿ることができないからだと。

ただ、やろうと思えば小さな農家であろうと見つけることはできる。農家で無ければ、どの精製所を使ったかまでは辿ることができる。複数の農家の豆がブレンドされていて、パッケージにそれぞれの生産者のリストが明記できないとしても、このインターネットの時代なら、五〇〇gのコーヒーパッケージには透明性や豆のストーリーを伝える手段はまだ色々あると思えてならない。

昨今、パウリグ社は、様々な場面で企業責任を全面的に打ち出してくるようになった。これ自体は素晴らしい事だと思う。本書を執筆中、私たちはコーヒー業界の責任という事について世論を含めメディアに登場する内容にも注目してきた。その上で意見を述べさせてもらうならば、認証制度をことさら強調するのはどうかと思うし、疑問が生じる。純粋にそのプロジェクトでは良い事をしようとしているだけなのか、それとも消費者と社会の目が厳しくなりその矛先をかわすためなのか？

私たちは現状を変えるために一番良い方法は監視だとは思っていない。もちろんそれによって改善される部分は多いだろうが限界があり、個人の尊厳や人権問題を盾にされたらどうだろう。もしすべてを監視するとなると、生産者を鳥かごに閉じ込めるようなものだ。それよりも間違ったことをする動機自体をなくしてしまう方が有効ではないだろうか？

多くの小規模生産者にとって、認証の取得と維持は高価で、そのような資金も人員も確保は難しい。同時に彼らは高い化学肥料にも手が届かないので、結果的にその農場のコーヒーはできる限り自然に栽培されたものとなっていることは知っておいていいだろう。

工業化農場と盗みを働く猿たち

工業化農業をやっている農場は、ブラジルで昔からこうしたＦＡＦ農場のような自然とともに運営されていて、雑然とし土臭さが漂う農場とは大違いの場所だ。私たちのコーヒーをめぐる冒険の中で、工業化農業の場も訪れた。ここでは経営者の父親と、英語を話せる農学を学んだ息子が出迎えてくれた。農場では、収穫、耕運、散布に使われる大型の農機がうなりを上げて移動している。事務室の壁には大きくフェアトレードとＵＴＺ認証のロゴがペイントされている。父親は、息子の通訳を通じて、農場について話してくれたが、その内容はほぼ生産と人員数、売上高、上得意、そして製品といった話題に終始していた。彼らが扱っている品目はコーヒーに加え、ワインもあった。農場の歴史や彼らの活動における価値観については訪問の間中一言も出てこなかった。「品質」という言葉は何度も話に出てきたが、私たちに出されたコーヒーは古くて、質も味もよくないカプセル式で、それを前にするとその言葉も信憑性を失っていった。

ハウスキーパーの女性が作ってくれた美味しい昼食のあと、私たちは実際に農場を見せてもらった。母屋はすべての木が伐採された後の強い直射日光を浴びている広大な畑のど真ん中にあった。それほど遠くもないのに、見学者の足元が汚れないようにと四駆の車で移動することになった。右側には雑草が全く見えない畑にまっすぐな列で青々と育つコーヒーの畝があり、左側には枯れかけて根本まで伐採された木々。眺めていると見学者の一人が、この農場のオーガニックへの考えについて質問した。その途端、それまで饒舌に喋っていたオーナーの会話がぴたりと途絶えてしまい、私たちは沈黙の中、ぶどう畑へと移動した。

工業化農場では、コーヒーの木をオーガニック農場よりもずっと大きく育てる。その方が実を結ぶコーヒーチェリーの数も増えるからだ。収穫は農機で行うので、人間の手が届く高さに刈り揃えなくても良いし、木を植える間隔も狭いので、面積あたりの収穫量もずっと多い。問題は、下の方になるチェリーは陰になるので、収穫の時に下半分が完熟ではないということだ。しかしこの問題の解決のために、農機の収穫の高さを最初に上半分、そして次に下半分という風に調整する事は簡単にはできない。こうした農場では、質を量で補う事が多いので、この点も当事者には問題視されていない。しかしカップに入れられたコーヒーは着実にそのことを物語る。そして、次のぶどうの畑もシェードツリー無しに照り付ける太陽の下、まっすぐに植えられていた。私たちは、どうしてぶどうの木々が木綿の布で覆われているのかと尋ねた所、農場主は興奮して手を振り回しながら二〇〇mほど離れた森を指さした。「かかしも立てて空砲もしょっちゅう打つんだけれど、鳥や猿たちがどんどん図々しくなって作物を荒らしに来るんだ」

この話を聞いて、私は人と動物が共存するFAF農場を思い出さずにはいられなかった。FAFでは動物たちは豊かな自然から餌を得られるのでコーヒー農家を困らせる必要がない。この工業化農場では、猿は地面に落ちている作物を食べ、健康を害すのではないだろうか。農場では何の匂いもしない。農作業をする人間以外は動物すら見かけない。バッタの羽音も聞こえず、ただ農機とスプリンクラーの音が広大なスペースに響き渡っているだけだ。帰り道では、昼食に何を食べたのかはもう考えたくなかった。

コーヒーで知られるブラジルだが、美味しいワイン産出国でもあることを知っている人は多くないかもしれないし、北欧でもそれを知っている人は稀だ。詳しい人が語る原因の一つには、ブラジル産ワインの品質が一定ではなく、農家の労働環境も劣悪なところもあるからだという。また質が良い、美味しいワインを長期の海路輸送で持ってくるとなると価格も跳ね上がってしまう。

世界でも有数の国有企業で、ワインを大量に買い取るのはスウェーデンのシステムボラーゲット（Systembolaget）とフィンランドの同様のアルコ（Alko）があるが、両者とも安い価格で南米のワインを幅広く取り揃えている。産出国はチリとアルゼンチンだ。これらの国のワインは、ほぼ大量生産で安く製造されているものが多く、栽培時、生産時にコーヒー農家の所で述べたような問題が山積している。値段を安価に抑えられているのは、ワインの瓶詰をヨーロッパで行っているからだ。農家にとって、瓶、コルク、ラベルは中身のワインでもらう卸価格よりも高いだろう。売り出す国での瓶詰めについて、この二社は、瓶詰めされたワインには長い船旅は良くないからと説明してきた。南米のワインというと、我々はエキゾチックで高品質なものを思い浮かべる。こうしたイメージをこれら国有企業はマーケティングにうまく利用してきたのだ。

ワインだけでなく、コーヒーの質も、倫理的な面も、エコロジカルなレベルを上げていくという点でも、まず根本的な問題がある。小売店の短期的な価格競争は我々消費者に食品は安いものだという考えを植え付けてしまった。そのために消費者は良い品物を要求するくせに金は払いたくないという状態になってしまっている。コーヒーもワインも店頭では安く手に入る。しかしこの消費者価格では生産者にはまともな、最低限の収入さえ懐に入らない。つまり舞台の裏側では、労働者と自然環境が搾取され続けている。出口が見つからなければずっとそのままだ。

木の守護神と自然というオーケストラ

私たちの先生でもあるマルコスは、ほこりっぽい教室の黒板にパーマカルチャーと書いた。その意味はすべての生きとし生けるものに「ふさわしい住み家」をという共存の考え方を内包している。木を正しい場所に植えれば、自然がそのまま面倒を見てくれる。しかし間違った場所に植えれば、植えた者は木を生かすためにすべての手間をかけなくてはならない。栄養を与え、水をやり、病害があれば取り除き、それでも「ちゃんと」成長する訳ではない。従ってジョン・ロコの教えに従うことになるわけだ。どんな場所、土壌か、そこで他に何が育っているか、それらすべてが共存し繁栄するにはどうしたらいいのか。簡潔に言えば、まわりの自然と調和して生きようとするということだ。

「日の出と日没の方向はどこか。太陽は最も大切なエネルギーの源だから、まずそこからだ。太陽がいつどこにあるかという風水を知っておかねば」とマルコスは説明する。

「年中太陽が出ている国なら、太陽が土壌に直接当たるかどうかを知っておかなくてはならない。それで植物が乾燥して枯れるか、または雑草も生い茂るか。少しでも生命がある場所なら雑草も育つ。何かを栽培したいなら雑草を取り除く必要があるが、自然と共生するのだからラウンドアップみたいな殺虫剤は使っちゃいけない。状況は複雑だ。木陰が欲しいなら木を植えなくてはならない。しかし木なら何でもいいという訳でもない。その土壌と、栽培する農作物とも相性がいい木を選ばなくては。皆で同じ音楽を作り上げるオーケストラのようなものだよ。同じ曲を同じ調子で演奏する。そうでなければ不協和音が発生し、互いの音が聴こえない」

マルコスの目ざすところは、自然というオーケストラが、彼が枝を剪定したり水をやらずとも自分で音を奏でるようになることだった。木々に対して人はあまり手を加えない。そこに育ち、雨が降れば水分が得られるだけだ。彼は手つかずの原生林と、二次林、つまり何等かの形で自然のままではない森林の違いを強調する。原生林は樹齢千年の木々を保有する神の森であり、そこには触れてはいけない。二次林は人が間伐や植樹をし手を入れる。コーヒーは二次林を栽培する場所と考えることができる。

「数本のコーヒーの木を観察したんだ。一本は本当にすくすくと成長していた。鳥か、猿が落としたコーヒーチェリーから芽吹いた木だからかもしれない。ただ大きな木の傍にそのコーヒーの木が育っていたんだ。『ああいう住み処《すみか》がもっとあるといいな』と言ったんだ」

マルコスの話の合間に農場を歩き回った。大きさの違うコーヒーの苗木をあちこちで見かけた。私たちの訪問は収穫期だったから、あちこちで手摘みされた豆が乾燥台に運ばれていくのを見かけた。しかしＦＡＦ農場では種子を発芽させる覆いがかかった専用の苗場もあった。最初は植木鉢に植えられ、そして三、四ヵ月後に発芽し、まず茎が出て先っちょに豆が乗っかっている。そして双葉が出てくる。農場で働くベテランが、まるで愛する子を砂場におろしてやるように柔らかな土に苗を植えているのをこの目で見る事も出来た。この経験豊かな男性は白っぽいステットソン帽をかぶり、日に焼けた顔にはみ出た灰色の頭髪と鋭い眼光はさながらブラジルのカウボーイのようだった。

実際に苗を植えかえる前に、苗が発芽して九ヵ月から一五ヵ月待つことになる。そうすると苗の背丈が三〇㎝位に成長するので、できれば日光の下での急激な成長と灌水を避けるために木陰でゆるやかに成長させると、苗そのものも徐々に強くなってくる。周囲の生物や植生も多様であれば、この栽培は土台からしてサステナブルだと言えるだろう。同時に自然が日光と影の調整をしてくれる。ただコーヒーの木の背丈は収穫が可能な程度に剪定はしていく。
三、四年たつとコーヒーの木に花が咲き始める。開花期間はたった二日ほどしかなく、白い美しい花が咲き誇った後、結実するとコーヒーチェリーが実り、この中にコーヒー豆があるというわけだ。短い開花の間は非常にデリケートで、寒波や大雨にあたると、受粉が出来ず、収穫は絶望的だ。私たちが訪問した時期は収穫期にあたり、大雨がサンパウロ州を襲っていた。クロシェ家の収穫の具合を心配していたのだが、どうやら私たちは北欧の晴男たちだったようだ。滞在した一週間の間、雨は一滴も降らず、早朝の朝露のみが作物を湿らせていただけで、梅雨のお陰で空気がとても澄んでいた。残念ながら、気候変動が着々と進行しコーヒーの栽培が難しくなりつつあることを、ここでも自分の目で確かめる羽目になった。以前はコーヒーの栽培国では、いつ頃、どれくらい雨が降るかはかなり正確に予測ができていたが、最近では気象予測が非常に難しく、二〇〇〇年から二〇一〇年代にかけてコーヒー産出国では酷い干ばつと大雨による収穫減少に悩まされていた。

コーヒーチェリーは結実してから三〇週から四〇週で最適な糖度に達するが、収穫方法には二種類あり、全部収穫してしまうか、完熟したものだけを選別するかだ。前者は区画収穫と呼ばれ、機械的にまたは手ですべてを摘み取る。この方法では灌木からすべてのチェリーを摘み取り、その後に熟したコーヒーチェリーを未熟なもの、過熟なもの、傷があるものと機械で選び出す。区画収穫は何しろ早く、一日で二五〇kgの収穫が可能だが、分別作業をくぐりぬけた質の悪い豆がその収穫分の質全体を下げてしまう。完熟のものだけを一つずつ手摘みするのがもう一つの方法だ。手間はかなりかかるが、その分熟したものだけが揃い、粒ぞろいで各段に質が良くなる。

世界のほとんどのコーヒーチェリーの収穫は機械的に行われている。大部分が未熟か過熟のため、それがそのまま味に反映される。未熟なチェリーは味に無粋な酸味があり、過熟な場合は、完熟のチェリーにある甘さと酸味が既に失われている。機械ではコーヒーチェリーの色合いを判別できないので、色をもとにチェリーの熟度を判断することができない。機械収穫の場合まず太陽によく当たる高い所から収穫を始め、そして段々高さを下げて日陰になる下の方を収穫していく。残念な事に、栽培農家自身もコーヒーチェリーの熟度と味の関係をしっかりと理解していない場合が多い。それでも多くの農園で、完熟チェリーの方が重量があるという事は知られ始めている。その理由はコーヒーは重量によって価格が決まるからだ。

ファゼンダ・フォルタレザ農場の相続という運命が降りかかる前に、実はマルコスとシゥヴィアはもし自分が将来ここを受け継いだら、という目で農園を見るようになっていた。農業をやるという考えが頭をもたげていた頃、彼らはできるだけ大型の農機具が入り込めないような農場が良いという夢を持ち、自然に負担をかけない倫理的な考えを貫こうと考えていた。従って手摘みで熟したチェリーの実を収穫するのは美味しい一杯のコーヒーを実現するためにもぴったりだった。ちょうどいい色に熟したコーヒーチェリーは自然が与えてくれる天然の甘味があり、味の特徴も豊かで緊張感がある。先に述べたように、完熟チェリーのみの手摘みは非常に時間も手間もかかるので効率がいいとはとても言えない。チェリーはそれぞれ熟す時期が異なるので、摘み手は同じ木のところに何度も立ち戻る必要がある。ただ良いコーヒーを求める小規模焙煎所は、農園で熟したチェリーのみが収穫されて、より良い値段をつけるようになっている。私たちも、FAF農場で、まだ枝にはたわわにチェリーが実っているのに、袋一杯に詰められたコーヒーチェリーをそこかしこで目にした。まだ熟していないチェリーも横に植えられたバナナの木々のお陰で適度な日光を浴びられる。

機械摘みにも、完全な手摘みにも双方に支持者が存在する。ブラジルのような気象条件では気温と土壌のお陰でほとんどのチェリーが同時期に熟すタイミングとなる。七五％ほどが熟した頃に一気に収穫してしまう方が経済的で、その後未熟だったり不ぞろいなチェリーを選り分けるというわけだ。逆に手摘みであれば前述のようにその都度熟したものを収穫しに同じ場所に行く必要がある。機械で一度に全部を収穫する場合に、中に混じってしまう未熟または過熟な豆によってどれほどそのバッチの豆の質が下がるか、という事はまた別の問題だ。

サステナビリティにこだわる農場では雑草の処理も手仕事であるから、時間のかかる労働となる。工業化農場では、ラウンドアップのような毒性のあるものを使うため土壌が汚染され、植生にも影響し、微生物群も死滅させてしまう。こうした化学薬品は人間の健康にとっても良い訳がなく、もし微生物を殺傷するのであれば、もっと体の大きな我々であってもの少なからず影響はある。

マルコスは私たちを喜んでお気に入りの場所に連れて行ってくれた。その場所はFAF農場の敷地にある、手付かずの熱帯雨林にあり、マルコスは敬意をこめて「礼拝所」と呼んでいた。彼にとっても心が落ち着く場所のようだ。この礼拝所にいくのは朝と決まっているようで、マルコスの迎えで私たちも夜明けの一番鶏が鳴くころには時差ぼけの目をこすりつつ出発した。五月の早朝のみずみずしさは五感を呼び覚まし、私たちは二㎞程の距離を農場の宿舎から熱帯雨林へと歩いた。

木の板で埋められた段を降りながら眺める周りの景色には息を飲んだ。数十ｍの高さに樹齢数百年の木々がそびえ立ち、苔むしたつる科植物が巻き付いている。枝がうっそうと茂っているので初夏の朝の風景から、熱帯地域の動物園に入り込んでドアを閉められたようだった。光は遮られ周りの空気もひんやりとして湿気が袖口から忍び込んでくる。空気は澄んでいて美味しい。

むせかえるような香りと豊富な酸素、鳥たちの歌声が押し寄せ、自分を取り巻く自然にめまいがしそうだった。マルコスは、すのこを伝って小川の流れる小さな谷を越え、その辺りで一番古い木の前で止まった。マルコスは木の周りにベンチを置いていた。深呼吸をして静寂を楽しむためだけに置かれたベンチだ。胴回りが何mもあり、数十mもの高さがあり、先端が見えないほどの樹木を背に座ると、自分がいかに小さい存在かをひしひしと感じた。

「三〇年前に伐採して何もしていない跡地にまた木々が育ってくる。そこへ行ってみると、土壌が十分な休息をとれて、有機微生物がそこかしこにしっかり生育している。そこへ行き、つる科植物を切り払い、一番適した木を選び、適度に間伐をしてコーヒーの苗木を植える。カカオ豆の木と同じで、コーヒーはあまり強い日光は好きじゃないからね」マルコスは講釈を続ける。

彼は、エチオピアには樹齢三〇〇年でまだちゃんと実をつけるコーヒーの木があると教えてくれた。中米では小さく、貧しい農場があり、コーヒーは自然のままに森の木陰で育ち、農園で働く人々が収穫のためだけにその場所に行く。

「ブラジルの機械化された農場では、すべてのコーヒーの木が太陽のもとにに晒されている。視界を遮るものは何もない。木々が一本もないだけじゃない。鳥も、ミツバチも居ない。何もない。生命がなく、水もない」とマルコスは吐き捨てた。

西側諸国では、普通の人は木材は印刷紙やトイレットペーパーになるのだぐらいしか意識していないだろう。マルコスはコーヒーに対するのと同じ熱意をもってしゃべり続けた。

「地面から引っこ抜かれた木の事を考えた事があるかい？　幹の下には何がある？」私

たちの答えを待たずに彼は続ける「根っこだよ！　地中にはりめぐらされた、地上の枝よりも太くあちこちに張りめぐらされた根だ。木が違えば根も違う。栄養があるところに根はのびていくから、水があるところにいく。人間がしょっちゅう世話を焼いて栄養を与えている木の根は貧弱だ。土壌がいいところで自然に育っている木の根は生命力があり力強い」

マルコスは、J．R．R．トールキンの『指輪物語』にでてくる木の牧人エントに対するように樹木について話している。木々が水と栄養を求めて地中で根を伸ばしていく様子を想像するとなかなか愉快だ。

「大木が地中深い所にある地下水へ向かって根を伸ばしていくと同時に、木々は地下水を地表近くへも持ちあげるようなものだ。ガソリンをタンクからポンプで吸い上げた事があるかい？」彼はまた質問の答えを待たずに続けた。「それと同じだよ。ガソリンが吸い上げられるのと同じようなものだ。木々は水を地中から表面近くへ吸い上げて、森を生み出す。だから木を伐採すると水は深い所へ戻ってしまう。多くの農場では木々を根こそぎ切り倒して生産性を最大限に上げようとする。だが実はこれは水を失うのと同じだ。木々がもたらしてくれるもっとも大切なものは水なんだよ。水さえあれば大概のことは可能なんだ」

木々のもたらしてくれる恵みについては古今東西、物語などでも世界中で語られている。空腹には果物を、そして歩き疲れた旅人には涼しい木陰を。木を切り倒す木こりにさえ、木はひと時の安らぎを切りかぶでもたらしてくれる。

「周囲へ多くを与える木々と周囲からより多くを奪う木がある。だからどんな木が適しているのかをよく観察する必要がある。また傍で共生できるかどうかという相性、そして土壌からすべてを吸い上げる木と土壌を豊かにする木もある。木は有機微生物を呼び寄せ、微生物はまた更に他の生物を呼び込む。鳥たちや動物たちが寄ってくる。つまり木を切り倒すという事はそこに関わる多くの生命を絶つということだよ」

木々は、弱肉強食の自然の循環の根幹を成す。マルコスはさらにコーヒーの栽培の観点から、木々の最も大切な役割は木陰と水だという。

「ブラジルの農場には水がない。土壌にどんどん化学薬品を撒いてすべての木々を切り倒してしまっている。化学薬品はそのまま土壌から地下水にまで浸透し、すべてを殺してしまう。水辺もなくなる」

マルコスは科学の発達がもたらす細分化について憂えている。まず研究対象を分野ごとに分ける。その後その分野に更に下位分野を追加する。最後に下位分野を人間が望むような形で選別され全体を再統合していく。

「自然は多様性を求めているんだ」とマルコスは言う。

こう考えているのはマルコスだけではない。一時期は息子フェリペの師でもあったエミウソン・ザンとマルコスは世界の動きに関し、共通の認識を持っていた。クロシェ家が農場を受け継いだあと、マルコスがエミウソンのもとを訪れた頃は、二人の落ち合う場所はこの樹齢千年近い木の根元ではなく、更に数千年古い岩盤の上で、コーヒーについて理想を掲げる二人は座り込んで語り合ったという。

「そこでエミウソンは、この見渡す限りの風景をすべてしっかり守って、子ども、そして孫、ひ孫の世代に引き継ぎたいと語っていた。この景色は素晴らしい。でも人間がそれを破壊するだろうと。破壊を食い止めるのに私の力を貸してくれと言ったんだ。アメリカで貿易業しかやったことのないこの私にね」マルコスは考え込んだ。

「三年目にエミウソンに癌が見つかった。四月に宣告され、八月始めにたった三九歳で亡くなった。我々は、あきらめずに彼の仕事を引き継ぐことを誓ったよ。あの頃、彼がどんどん弱って、小さくなっていくのを見るのは辛かった」

これまで雄弁だった男が、沈黙し、愛する大木を見つめていた。しばらく私たちは黙って木の根元に座っていた。そして腰を上げ、熱帯雨林の真ん中から切り開かれた農場の離れへ、朝食を知らせる鐘のもとへと戻っていった。

マルコスは偉大なジョン・ロコに加え、もう一人アドバイザーを雇っていた。ブラジル人のオーガニック栽培農家として初めて二〇〇一年に「カップ・オブ・エクセレンス」を勝ち取ったパウロ・セルジオ・デ・アゥメイダである。カップ・オブ・エクセレンスでは、コーヒー栽培農家はどこのコーヒーが一番高品質で減点が少ないかを競う。一番を勝ち取った農場のコーヒーは、その年の収穫分すべてがオークションで競り落とされる。このタイトルでの上位入賞は、農場にとっても経済的に貢献するが、それよりも農場の認知度が向上し、コーヒー業界での評判が高まることが一番の利点だろう。ここで上位に入ると、将来取引を希望する焙煎所が増えるからだ。サステナビリティの観点からもこのコンペは重要だ。なぜなら、質の良い豆なら支払われる価格も上がることを農家に知らしめることができるからだ。成功すると農家も自分の育てたコーヒーとその方法に誇りを持つようになる。アゥメイダ自身は誰にもオーガニック栽培をやっていることを宣伝したことはなかったが、彼は今ではコーヒーの世界で非常に有名な存在となった。ミナスジェライス地区のサンタ・テレジーニャ農園のパウロ・セルジオ・アゥメイダといえば知らないものはいない。マルコスはアゥメイダのやり方が彼らにも合うと信じた。

「うちの農場で、小さな区域を色々な実験に使おうと思ったんだ。作物を畝に沿って植える。間にはトラクターの幅ほどの隙間がある。その幅に様々な作物を植えてみた。バナナ、アボカド、マンゴー、豆類といったものを。それだけ植えてもまだトラクターは出入りできた。そして多年草と一年草を交互に植えた。なぜなら一年草が枯れて肥料になるからだ。だから生物分解でコンポスト処理できる作物を植えた。これは自然に合ったやり方で緑肥とも呼ばれている」

問題は、トラクターが通れないところには雑草も育つという事だ。つまり人の手がいるので高くつくということだ。

この場合、様々な相性がいい作物を一緒に植える、つまり共栄作物（コンパニオンプランツ）の組み合わせを考える事が有効だ。そして根っこ、木陰の多様性だけでなく、農場で年間通じて収穫し、収入が得られるよう季節と作物の品種も考慮する。これら全体を称してアクティブ・オーガニックと呼んでおり、栽培法自体はアグロフォレストリー、または混農林業と呼ばれる。

このメソッドは作物がゆっくりと育ち、枯れてから肥料となる。木々は葉を茂らせてじりじり照り付ける太陽から、必要な木陰をもたらす。いずれ落葉し、分解されて土壌の栄養分となる。木々は害虫を駆除してくれる鳥たちの住み処となり、また根から地下水を地上へ吸い上げてくれるので人工的な水やりが不要となる。人間の仕事は適した環境を作り上げる事だ。雑草を抜き、泉を守り、自然がダメージを受けないように見守る。アクティブな自然に沿う農業の原則は、鍼治療にも似ている。鍼を刺す事でもともと持っている身体のメカニズムを呼び起こし、自然治癒に導くのだ。

「しっかり機能する環境を作り出してやる。その後やるべきなのは栽培し、収穫された作物に買い手を見つける事だ。土地をうまくまわして有効に利用し、取れた作物をすべて売りさばくことができたら成功といえる。しかし問題はそのまますべてに買い手がつかないということなんだ。だからまず、自分で需要を作り出さなくてはならない。作物のことを、物語を伝える、そして人々がそれを理解するってことだ」マルコスは説明を続ける。これはマルコス自身がやってきた事でもある。ＦＡＦ農場の作物はコーヒーだけでなく、どんどん品種が増えている。オーガニック栽培のとうもろこしや豆の種子は絶対的に不足していることからマルコスはそれらも販売している。トウモロコシの栽培は混農林業にもうまく合致するのでコーヒーの前にトウモロコシを植える事も推奨されている。多様な作物を売る事で土地代も払え、有機酪農で家畜も飼うことができ、養蜂や果物の栽培も可能となる。シュヴィアのヨガのイベントの成果もあり、この農場には一種エコツーリズムの気運も盛り上がりつつあるようだ。そのすべての土台にあるのがコーヒーである。

オーガニックと品質　似て非なるもの

オーガニックと品質は混同されがちだ。オーガニックであれば高品質なのだろうと思う人が多いが、クリーンな食品がすなわち味も良いかというとそういう訳ではない。コーヒーのような嗜好品の場合、「オーガニック」イコール美味しいコーヒー、という図式は成り立たないが、美味しいコーヒーだがオーガニックでないという事はあり得る。勿論、オーガニックに栽培され、美味しければ理想的だが、両方が満たされていない場合はこれらの言葉を注意して使う必要がある。

もう一つ、なんらかの認証を受けているからといって高品質の（すなわち美味しい）コーヒーであるとも限らないという点も覚えておきたい。認証を受けている部分がしっかりしていてもその他の部分が適当だという事もあり得る。たとえオーガニック認証を受けていなくても、生産者にとって品質は最も大切であるし、認証手続きを経ていないだけで実はオーガニックというものだってあり得る。

マルコス・クロシェはオーガニックのコーヒーを、オーガニックのトマトと比較する。トマトならオーガニックであれば、熟したものを食べればすぐ味の良し悪しも分かるが、コーヒーは実は何段階もの精製を経る産物だ。

「栽培時にオーガニックであっても、出荷後に古くなったり、湿気を含んだりする。またサステナビリティ、クオリティとオーガニック、これらについてはコーヒー業界に長くいる人であってもすべてをきちんと把握している人はそれほど多くは無い」

パッケージに印刷されるオーガニック認証のロゴは今では売上にもかなり影響するようになってきたため、ブラジルのとある生産者たちはオーガニック認証を得ながらスピーディに安く栽培するために奴隷労働さながらのやり方をしているところもあると聞く。オーガニックだから売れるのは分かるが、オーガニック認証に加えて、せめてフェアトレードまたはダイレクトトレード（直接取引）の認証も必要だと我々は考える。そうすれば少なくともトレーサビリティは確保できるし、何らかの不公平が行われていれば、介入もできる。つまり我々消費者にも、社会的にも環境にも消費者行動で及ぼせる影響を考慮し、オーガニックのロゴに隠れたものは何かを見極める能力が要求されていることになる。

またオーガニックだと値段が高い事の言い訳にされることが多いが、オーガニック製品が高すぎれば売れ残り、生産者がとばっちりを受ける。そしてオーガニック栽培をしなければ地球のエコシステムは化学肥料や殺虫剤で痛めつけられる。ニューヨークやストックホルム、ベルリン、ヘルシンキのおしゃれな店の棚でオーガニック製品の値札を見ると誤解してしまうかもしれないが、実は、オーガニックでの栽培はそこまで高くつくわけではない。もし値段がかなり高いと感じるのであれば、小売店、または製造者（コーヒーの場合は焙煎所）が欲をかいているのであって、生産者がその原因という事は殆どない。なぜなら生産者は、通常買い手からあれこれ条件を付けられる側だからだ。しかし生産者発の行動もある。

フィンランドは世界第四位のオーツ麦生産国であるが、ＥＵの農業規制のもと、化学肥料の使用を大幅に減らすことに成功している。実は、肥料の使用はフィンランドのＥＵ加盟より前から減少し始めていた。過去四〇年の間に、生産者たちは化学肥料の使用を三分の一に減らしたとも言っている。さらに収穫量は肥料を減らしたからと言って殆ど変わっていない。

ＥＵは化学肥料の使用に関し、厳しい制限を設けており、さらに生産者には混作を要求している。一種類の作物だけを栽培する方が簡単かつ経済的だが、生産者たちも混作のもたらす利点を理解していて、今ではあまり声高に混作が面倒だと批判する者もいない。規則の順守は農業助成金の前提条件だ。そしてこの助成金は多くの生産者にとって既に無くてはならないものとなっている。これに加えて、ＥＵ加盟国はそれぞれの規制を設けており、フィンランドはその中でももっとも規制の厳しい国の一つだと言われている。

オーツの栽培が以前よりも環境にやさしいものであるとはいえ、残念ながらそれにつれて作物買取り価格が上がった訳ではない。なぜならオーツは未加工の状態でそれほど高価な、またはトレンディな作物でもないからだ。従って化学肥料を完全にやめてオーツ栽培が一〇〇％オーガニック栽培となったとしても、今より価格が跳ね上がることはないだろう。オーツミルクまたはプルド・オーツ（プルドポーク、つまり裂いた豚肉のような形状にオーツから作る加工食品でフィンランド発の製品）のような画期的な製品は食品業界でもかなりの話題となるが、生産者が提供するのは原料であって、その価格は低いままだ。もし生産者が製品認証を受けると、一番恩恵を受けるのは消費者向け製品の食品メーカー、つまり中間業者となる。

一方で我々消費者は認証が出てくるとそのまま鵜呑みにしてしまう事が多いが、製品がどこから来ているのかをすぐに調べるぐらいの心構えが必要だ。製品のパッケージから農場、または生産者自身の名前が分かるようであれば、良心に従って栽培された質の高い食品だということができるだろう。

ＦＡＦ農場の廃校になった教室に座って、マルコスの話を聞いているときに一番強調されたのはこの「生産者の良心」だった。これが大なり小なり作物の栽培から商品が誰かの手に渡るまでのすべての段階に関わってくるからだ。そしてマルコスの話を聞いていても、やはり物事はそれほど単純ではない。彼によると、オーガニック栽培には五つの大きな問題があるという。まず一つ目は知識だ。農業系の学校では土壌を殺菌し、人的コストを削減するように教え、雑草を抜く必要が無いと教えているという。

「次に、あなたたちが必要な溶剤をお教えするので、私が言う事をよく聞いてくださいね。そしてそれらは私から直接購入して下さい。毎回ですよ！」と彼は化学肥料会社に雇われたコンサルタントの口真似をして見せた。

「情報と知識が圧倒的に不足しているんだよ。工業型農業では土壌の微生物を毒物で殺し、どの農場もほとんど同じに見える。一方、オーガニック栽培の農場はそれぞれに個性があって状況も違う。太陽は違う角度から照るし、生えている木々も違う。土壌も水質も、働く人々だって異なる。土壌に含まれるミネラル（微量要素）も、周辺に生息する生物も、コンポストも、さらに土壌をとりあげるなら砂と砂利の割合も異なる。何度もいうが、土壌がすべての基本だ」

人間も企業も、慣れ親しんだものを信用しがちだ。どんな製品が出来上がるか予測がつけば、商売の計画もしやすく予算も決めやすい。オーガニック栽培は、品質は高いかもしれないが、味のぶれが生じやすい。ワインの世界では、この事実が既に長い間受け入れられている。同じブドウ園の同じ品種の、同じ生産者のワインが、毎年味が異なるにも関わらず、人々は喜んでワインを買い求める。

二つ目の問題は収穫量だ。これも知識不足によるところが大きい。

「ノウハウがないから収穫量が安定しない。こうしたノウハウがなければ、オーガニック栽培よりも技術と科学がスピーディに、大きな収穫量を上げるだろう。ブロイラーは三週間で精肉として売ることができる大きさになる。地鶏は大きくなるまでに三ヵ月かかるから価格競争なんてできっこない。ただどんな鶏肉を食べるか決めるのは自分自身だ。これはすべてに対して同じ事だよ。何が栽培されるかを、結局は消費者が決めるんだ」マルコスは高らかに言った。

工業型農業では収穫量も多く、なにより安定した収穫量を確保する事ができる。そうすると将来の予測と計画がたてやすい。顧客にも事前にこれくらい収穫できると毎年伝えられ、契約も容易になる。それが繰り返される。土壌がすっからかんになって何も生えて来なくなるまでは。

三つ目は、値段だ。そして意外なことに、この値段は労働量と正比例していない。オーガニック栽培は勿論手間はかかるので、生産コストは上がるし、製品の価格もそれにつられて上がる。

「オーガニック栽培農場では、雑草は一本ずつ手で抜くんだ。ブラジルのような国では一年中雑草が育つから、年中その作業が必要だ。農場でももっとも重労働の一つだよ」マルコスは説明する。

四つ目は収穫量だ。自然に沿ったやり方の農場では、規模の拡大が難しい。工業型農場のようには計画通りに行かないし、生産量も予測が難しいからだ。また、それぞれのオーガニック栽培農場も生産量と品質がバラバラであるため、オーガニック栽培農家の協同組合を作るというのも容易ではない。というのも、一つの農場でうまくいったメソッドをコンセプトにしても、他の農場でうまくいくわけではないからだ。マルコスの例は意外なものだった。

「ストックホルムに世界でも有数の、見学可能なオーガニック栽培農場がある。そこは循環型農業を取り入れており、収穫量は少ない。工業型農場では、サイロを作物で満たし、どんどん人をそれぞれの仕事に割りふって拡張し、雇用を増やしていく。銀行も農機具や倉庫の建て増しのために融資をする」マルコスの表情がだんだん憂いを帯びてくる。

五つ目がもっとも難しい問題だが、消費者つまり市場だ。「オーガニックだからともっと金を払いたいという人間はいると思うか？」マルコスは私たちに聞いてきた。

認証を受けた製品は品質の高さでより多くの消費者を魅了する必要がある。そして一度だけでなくリピート買いをし、消費者行動を根本から変えてもらわなくてはならない。オーガニックだから試しに買ってみようというのは一、二回だけのことだ。たとえ知識が蓄積され、グローバルな時代に買い物の時の選択によって影響力があると分かっても、品質が良くなくては話にならない。マルコスによると、普通の商品以上の価格を支払おうという客は多くは無いというが、確かに大部分の消費者はそうかもしれない。殆どの人はオーガニックと工業型農業の食品について、倫理的な差も、健康度における差も認めようとはしないだろう。なぜなら知らぬが仏、これまでと同じやり方を続ける方が簡単だし、これまで工業型農業作物の味にもさんざん慣らされているからだ。

しかし、我々はどのように消費者として自ら購入する食品の倫理的な点とエコロジカルな点を保障すれば良いのだろうか？　もしパッケージや製造者の提供する情報に農場の場所や生産者の名前が記載されていなければ、一番安全なのはフェアトレードとオーガニックでダブル認証されている商品を選ぶことだろう。それによって、商品が清浄で健康な土壌で栽培されたことが分かり、生産者たちが少なくともフェアな報酬を得ている事が分かる。ただ、我々にも透明性と企業責任を要求する事はできる。透明性を求めていけば、それも可能になるだろう。情報開示と透明性は食品業界のトレンドでもあるからだ。

フェアトレード、直接取引といった言葉は消費者がその大本を理解し状況を調べることを複雑にしている。マーケティング上の情報の伝え方も不正確だ。フィンランドの消費者団体フィンウォッチは多くの小規模焙煎所がマーケティング上の用語を正確に使っていないとして批判している。こうした小規模の焙煎所が自ら直接取引を行っていると称しながら、生産者の元を一度も訪れた事が無いという事実があるからだ。こうした場合、小規模焙煎所が使っている卸業者が、たとえ情報をきちんと開示していていている誠実な組織だとしても、直接取引という事実とは異なるので焙煎所は非難を免れない。基本的には直接取引も認証化、国際標準化することが可能だが、そうするとまた市場にあらたな認証と余計な手続きが生まれることになる。認証は監査と外部の監視を必要とし、コストが増大し、仕組みが硬直化しがちだからだ。一方、質の高い美味しいコーヒーは自由市場で良い値段で、例えばフェアトレードコーヒーよりも高く取引される。つまりは品質の向上に努める動機となるだろう。しかし高品質なコーヒーだからといって生産者、作業者がちゃんとした報酬を貰い、人間らしい働き方が実現しているかはどうやって担保すれば良いのだろうか？

人間も、自然も疲へいさせないという長いサイクルを考える上で、品質と透明性はサステナビリティを語る時、最も重要な二つの項目ではないだろうか。クロシェ家はもう長い間、トータル・クオリティという、すべてを包括するコンセプトについて語っている。具体的には、オーガニックで、高いモラルと倫理性、製品の妥協なき品質を意味している。マルコス・クロシェは二〇一七年九月のフィナンシャル・タイムズ紙によるインタビューで、こう答えている「つまりは完全な循環です。経済的にも、環境面でも、社会的にも、精神的にもサステナブルでなくてはならないのです」

そして、クロシェ家は、トータル・クオリティについて一〇の指標を設けている。彼らが活動するコメクイドリ(Bob-o-Link)という生産者グループは外部の農業学者を雇い、各農場でこれらの指標が機能しているかを監視している。監視では水質、土壌の状態、混作かどうか、土壌への肥料、農場で働く人々の健康状態と研修、農場の経営状態、活動の透明性とコーヒーの品質となる。更に全体を審査する。ほぼすべてを網羅していて、ここでマルコスとフェリペがいう所の「一〇〇年プロジェクト」では本当にトータル・クオリティを意味するのだと分かる。

その実現には勿論今よりも詳細な情報入手が必要だ。一方で、皆が十分な情報を得ていれば、認証制度は不要になるかもしれない。生産者は自らの栽培する作物の価値とどうすればサステナブルな栽培なのかを認識する。我々消費者は、消費者の購買時の選択に影響力がある事を認識し、安さに流されない。もちろん全員がこのように行動するとは現実的に考えられないが、その数は着実に増えている。

二〇〇〇年代の初めから、欧州では地産、カーボンフットプリント、サステナビリティ、食品のトレーサビリティ、倫理性、エコロジカルであるということ、そして品質が話題になり始めた。情報が増えるにつれて、我々はこれまで続いてきた消費の仕方がどれだけ地球を枯渇させるものか悟るだろう。「レス・イズ・モア」、つまり、「少ないほど、豊かである」消費という考え方が頭をもたげ始めているし、それを推し進めるべきだ。我々の生活レベルが上がるにつれて、より良いものを消費するようになった時、質と倫理的な面が確保できなければまだまだ量を要求する傾向があるようだ。

文化が市場を作り上げる。消費の仕方と慣れというものは我々の文化に根付いている所が大きく、市場はその場所の消費行動を土台に形成される。消費者として我々が欲し、必要とするものを市場が提供する需要供給の関係となる。つまり最終的な責任は我々にあるのであって、企業は単なる中間業者に過ぎない。

次に、オーガニックと品質の関係について農場の若い世代を代表するフェリペに話を聞いてみよう。場所は農場のオフィスへと移っている。そこで私たちはヨハン&ニューストロム社のラルス・ピレングリムがパナマからフェリペへの土産として持参した素晴らしい品質のゲイシャ豆コーヒーを味わったところだった。コーヒー業界のプロ達が集まる中、カッピング用のスプーンからコーヒーをすすり、味わった者の口笛が珍しい野鳥のさえずりのように部屋中に次々響き渡る。子どもの頃に、音を立てて食べ物をすするのは行儀が悪いと教え込まれたことが頭をよぎるが、これはコーヒーの味を判別するカッピングでの流儀のようだ。すする音が大きいほど経験豊かなテイスターというらしい。

シュヴィアは、品質の高さという点ではフェリペと意見が異なると教えてくれた。なぜならフェリペは彼らが農場を引き継ぐ前は、品質について何も理解していなかったと考えており、オーガニックだから品質が高い訳ではないと主張する。しかしシュヴィアにとっては、オーガニックであるということ自体が品質の一つの要素を満たすと考えている。また先代も先々代もコーヒーの収穫時期は正しく把握していたようだ。しかし高品質とは何かという根本的なところが当時とは変わってきたのだと捉えている。

フェリペにとってそこはさほど重要ではないらしい。

「昔の品質標準を、現在の安価な大量生産のコーヒーを栽培している農家がやっていることと比較したら、先々代たちがやっていたことの方が勿論いいだろうと思う。五〇年前は気温も二〜三度は低かったし、人手も今と比べ物にならないほど多かったから熟した豆だけを何度も摘みに戻ったものだった。でも現在は祖父の頃のやり方からすべてを改め、変えてきた。作物の種類から、土壌の手入れからシェードツリーの役割の認識から、何からなにまで」フェリペが補う。

彼は、なぜコーヒー豆の乾燥パティオの布が黒なのか知っているかと聞いてきた。アメリカでは、その方が豆が良く乾燥すると業界でも教えられる。しかし、なぜその方がよく乾燥するのだろうか？　なぜならその方が（布が光を吸収し）熱を帯び、早く乾燥させるからだ。

しかし実は手早く乾燥させるのが良いという訳ではない。

いや、もしさっさと乾燥を済ませて倉庫に収めたいなら話は別だ。

「祖父の頃に機械式ドライヤーを使って三日で乾燥させていたけれど現在では乾燥に三〇日はかけている」とフェリペは数える。父マルコスの、鶏肉で出てきたブロイラーと地鶏の話が脳裏によみがえる。

「祖父達は焙煎という事もカッピングも何も知らなかったよ。目隠しをして車を運転するようなものだ。作物の味を知らなければ、自分が何を栽培しているのか知っているとは言えないだろう。ワイン農家が味見をせずにワイン造りをするかい？　ありえない話だ」とフェリペは言う。

質の高いコーヒーを栽培していれば、市場価格に惑わされることもない。フェリペによると、先代の頃には、今栽培しているようなコーヒーへの需要がなかったこともあり、現在のような栽培をする意味もなかった。

「今は時代が変わって、世界中で人々がコーヒーを飲んでいるけれど、焙煎が何たるか、コーヒーの栽培とは、カッピングとはという事に対して人々の関心が向き始めたのはかれこれ二〇年程の話だ」

フェリペは頭を振りながら続ける。

「それから情報が生産者へ行き着くまでにかなりの時間がかかる。いわゆる先進国のバリスタは焙煎などの知識を持っている。僕もアメリカでそれに触れたんだ。当時コーヒーについての文化が醸成されるころに正しい場所にいるという偶然があったから」と説明する。彼は新しいものごとの前では心を開くことを提案している。同業の生産者に向かって話をするだけでなく、実際に何かが起こっている場へ連れて行くのではまったく印象が異なる。クロシェ家は初めてホアオ・ハミウトンをシアトルのコーヒーフェスティバルに連れて行った。ハミウトンは目から鱗が落ちる思いで写真を撮った事だろう。聞くと見るとではやはり大きく違う。

「今はブラジルにもいいカフェが増えているから、生産者も車に飛び乗って国外へ出ることなく、美味しいコーヒーを飲みに行くことはできる。だから生産者にとってこんなにいい状況は今までなかったんじゃないだろうか。スペシャルティコーヒーそのものにとっても。コーヒーの栽培に取り組んだとき、市場そのものが無かったし、我々は何をしようとしているのか分かっていなかった。今は市場が存在し、そこに関わる、それなりの知識を持つ人々がいる。自分の目でそれを見ることができる」

たとえ徐々に品質についての知識が広まって質の違いによる味の違いも認識されつつあったとしても、まだまだ道は遠い。フェリペもマルコスも、トータル・クオリティについて複数の場で語っている。その土台はオーガニックとサステナブルなコーヒー栽培だ。

「父は四六時中サステナビリティの事ばかり話している。僕はもっと品質を上げたい。

父には好きな事を言わせておけばいいさ。僕が言いたいのは、コーヒーの評価基準でつけられる点数のことだよ」とフェリペは笑う。いつも一緒に行動している二人だからこそ、彼も父の話の内容を母シゥヴィアを除けば誰よりも、一番詳しく知っているはずだ。

「だからこそラルスのような生豆のバイヤーがうちに買い付けに来るんじゃないだろうか。彼は父の理想主義を評価してくれているけれど、それにも増して高品質の豆を求めている。僕は父とよく衝突するんだ。『父さん、もうサステナビリティのことばかり喋ってないで黙ってくれよ。皆良い豆を欲しがってるんだ』と言えば、父は『何言ってるんだ、皆はサステナビリティを求めているんだ、云々……』と言い合う始末だ」フェリペは父の真似をして大笑いした。

オーガニックはしばしば高めの価格となるが、美味であるとは限らない。もしオーガニック製品がそうでないものと同じ値段なら、より重労働なオーガニックをやってみようかというモチベーションを生産者に与えるのは非常に困難だ。フェリペは知人の生産者二名の例を挙げる。一人はオーガニック栽培をし、もう一人はそうではない。双方のコーヒーが八八点を獲得し、得られた報酬もそれなりのもので、ほぼ同額だった。

「我々は双方のコーヒーをいい会社に売りさばいたんだ。そして皆が満足したと思っていた。そうしたらオーガニックの栽培者が怒ってしまった。彼はオーガニック栽培のために生産量が落ちてしまい、（単位あたりの価格に差が無いのであれば総収入が減るので）そんなんじゃやる意味がないじゃないかと批判してきた。翌年彼はオーガニック栽培をやめてしまったよ」フェリペは続ける。クロシェ家は近隣の農家のコーヒーも一手に引き受けているから、フェリペはこの件に関しても一定の責任を感じているようだった。

「オーガニック栽培をやめてほしくは無いけれど、そのために経済的に損をこうむるなら、強制をすることはできない」

フェリペはブラジルで三〇年もの間オーガニックのコーヒー栽培を続けてきた生産者たちを知っているという。彼らがなんとかやっていけているのは、その他の農産物の収入のお陰だ。コーヒー一種類では足りない。最も成功していると言えるオーガニックのコーヒー生産者でも、彼らの作物の生産量でいうならコーヒーの割合は半分程度だろうという。

「工業型農場では一haあたり三t（一袋六〇kg×五〇袋分）の収量が見込める。非常に良く機能しているオーガニックのコーヒー農場では一ha当たり一・五tだ。（同二五〜三〇袋）。すべてが機械化されている農場では、一日で一ha当たり七・二t（同一二〇袋）を処理できる。どうすればこんな収穫が可能だと思うかい？　t単位で肥料を土壌に撒いて、遺伝子操作もしているからだ。ロブスタ種のコーヒーでより生産量が高い苗を増やしているんだ。コーヒーも耐性が強くなり収穫も上がる」

しかし、ロブスタ種では根本的な解決には至らないのである。

アラビカVS.ロブスタ

世の中にはおよそ六〇種もの様々なコーヒーの品種が流通しているが、もっとも知られているのはアラビカ種（Coffea arabica）とロブスタ種（Coffea canphora）であろう。またこの二種はそれぞれアラビア、そしてコンゴのコーヒーとも称されることがあるが、世界のコーヒー生産をも席巻しており、これまでのところ生産されているコーヒーのうち三分の二がアラビカ種、三分の一がロブスタ種という内訳になっているようだ。名前の通り、コンゴ・コーヒー、つまりロブスタ種は特に西アフリカで栽培される傾向があったのだが、栽培の容易さから東南アジア、インドそしてブラジルへと広がっている。上の二種に加え、取引量としては少ないが述べておきたい品種として、リベリカ種（Coffea liberica）がある。

エチオピアの台地から見つかったアラビカ種は一〇〇〇～二二〇〇ｍの温暖かつ夜間は涼しい気候である高地での栽培に適している。年間降水量も重要だ。一方ロブスタ種はより気温の高く湿気のある場所で生育するため、周囲の気候によって一年を通じて開花する。他方アラビカはよくても年二回しか開花、結実しない。ひょっとするとそのためにロブスタ種の丸いコーヒー豆が、楕円形で平べったく、熟すのに時間がかかるアラビカ種に味で劣る理由であるのかもしれない。

アラビカ種の豆が豊かで複雑な味わいを発達させていくために長い時間を要するのに比べ、ロブスタ種の利点は病害や害虫への強さ、気候の変化への耐性が挙げられる。気候変動により地球が痛めつけられていて異常気象も発生する中、ロブスタ種のコーヒーの木はしぶとく適応しているのであちこちで生活に困窮するコーヒー栽培農家がロブスタ種へ乗り換えるという事態へつながっている。天秤にかけられるのが農家の生活と、消費者の嗜好であればどちらが重みがあるかといえば答えはおのずと明らかだ。だからこそ、安易に栽培しやすいからという理由で作物の乗り換えをしないでもらえるよう、すでに今後数十年で絶滅の危機に陥ると言われているアラビカ種の保存のためにも必要な知識を生産者たちにあらゆる機会を通じて伝えることが大切だ。質が向上すれば、作物からあがる収入という形で生産者にとっても大きな利点となる。コーヒー好きの間では、やはりアラビカ豆の評判がすこぶる高いのは事実だが、そう簡単に白黒がつけられるものでもない。アラビカの中でも質の悪いものがあり、ロブスタにもそこそこいいものがあるというのが正確だろう。

コーヒー業界人たちが、あまりにこだわりが強すぎるのもよくないという主張にも一理あるとしても、アラビカとロブスタの違いをいろいろと聞いて回った私たちのアンケート結果は明らかだった。サステナビリティと直接取引を実践している英国の焙煎所ユニオン（Union）の創始者二人のうち一人のジェレミー・トーツは「アラビカは新鮮でフルーティなワインを味わうような体験だし、ロブスタは同じワインをテトラパックから飲むようなものだ」と表現した。

成熟度、味や違う品種との比較という話をしていると、ワインのティスティングかと勘違いしそうになるだろう。実際コーヒーにはワインよりも多くの味の要素がある。たとえコーヒーの品種がおおまかに二種であったとしても、その下には自然環境のもとで発生した、または人工的に交配した下位種が生まれている。生産者と科学者は、フェリペの言う所のハイブリッド種を様々な下位種と交配させることで実現しようとしている。それによって気候変動と病害により強く、収穫量も多い品種を生み出そうとしているのだ。すべての品種に、育った土壌と気候に加え、何mの高地か、化学肥料の有無、チェリーの精製方法などが影響しそれぞれの特徴と味が醸成される。これらについては後述する。

なぜ暑い気候でも育つロブスタ種が、将来のコーヒーが直面する問題に対して、私たちの求める答えではないのか？　第一に、私たちは今のコーヒー文化全体を変えたいと考えている。つまり様々な中間業者がコーヒーの本来の価格を乱してしまい、そして消費者がちゃんとした質の良い美味しいコーヒーを要求できないという実情がある。マルコス・クロシェの唱え続ける「より少なく、より良いコーヒーを」について賛同する。同時に、私たちは良いコーヒーには今より良い値段を払い、それによって貧困にあえぐ生産者にも利益の分配が可能になるようにしたいと考えている。第二に、品質においてロブスタ種がアラビカ種に敵わないことがその理由の一つだ。それを証明するために、複数のコーヒー業界に身を置く人物から二種類の豆についてアンケートを取った。

質問内容により回答を一定方向へ操作することを避けるため、極限までシンプルな聞き方に絞った。

アラビカ豆はどんな味ですか？
ロブスタ豆はどんな味ですか？

私たちはまず頂点から始めることにした。アメリカのジョージ・ハウエル・コーヒーの創始者であるジョージ・ハウエルだ。ハウエル氏は一九七五年に非常に美味しいコーヒー豆を東海岸に持ち込んだスペシャルティ・コーヒー文化のパイオニアとして知られる。西海岸では、その二、三年前にピーツ・コーヒーのアルフレッド・ピーツとスターバックスコーヒーを設立したジェリー・ボールドウィンとゼブ・シーゲル、ゴードン・バウカーらがいた。

ハウエルは今でも業界に身を置いているし、高品質のコーヒーを熱心に擁護しているので、私たちはすぐに返答を貰うことができた。「きちんとした栽培状態で、完熟チェリーを手で摘み、正しい精製過程を経たアラビカコーヒーでは、味の深みも豊かな広がりを持ち、ナッツからチョコレート、フルーティからフローラルといったアロマを持ったものまで幅広い。味ははっきりしたものから豊かなものまである。このようなアラビカコーヒーには甘味があり、苦みは非常に少ない」

ロブスタについては、ハウエルはまだそこまで深く掘り下げていないらしい。「きちんとした栽培をされ、完熟で摘まれ、正しい精製が施されたロブスタコーヒーからは土っぽさに近い、一定の酸味と濃縮された根幹となる味がある。エスプレッソ好きの中に、甘さが限りなく少ないこうした味を好む人もいる」

スウェーデンのドロップ・コーヒー（Drop Coffee）の経営者で仕入れもやっているヨアンナ・アルムも熱心なコーヒー業界人で、彼女の場合は店の利潤よりなによりコーヒーの品質を最も大切にする。しょっちゅう世界中の生産者の元を訪れ、コーヒー豆だけでなく生産者とも親交を深めドロップ・コーヒーで飲まれるものがどんな人が育てた豆かも知ろうとしている。ヨアンナの回答は、短く簡潔なものだった。「美味しいアラビカにはフルーティさと明確な味の性格が表れていて、ロブスタには土のようなポップコーンに似た味があり、自然の甘味とフルーティさが不足しているのが特徴」

さて、次もスウェーデンが続くが、それというのもクロシェ家にとってスウェーデンは近しい協力先でもあり、ヨハン&ニューストロム社の調達責任者ラルス・ピレングリムも私たちの訪問時にその場に居合わせたので彼にもこの質問をぶつけた。ピレングリムも仕事柄世界中を旅し質の良いコーヒーを提供するために、新たなコラボレーションの相手を探し続けている。彼の仕事の重要な部分は、生産者をよく知る事、コーヒーの栽培にも活発に対話を重ね、情報を提供しながら如何に状況をよくするかという関わり方をしている。

「アラビカは風味も豊かで味覚に訴えかける。フルーティで、さわやかな酸味があり、味のグラデーションも豊かだ」ピレングリムは語る。

「それにくらべてロブスタはすべてにおいて劣る。アラビカのような酸味と甘みの組み合わせが無い。たばこ、ダークチョコレート、そして木材のような味がする。悪くするとゴムのような味がすることさえある」ただピレングリムは「悪くないロブスタもある」とも述べている。「もし完熟のチェリーのみを手摘みし、精製段階もすべてうまくいけば、ダークチョコレートに近い味がしっかり出るかもしれない。酸味はやはり足りないが全体により丸みを帯びた味になるだろう」

イギリスのジェレミー・トーツはユニオン・ハンドローステッド・コーヒーの創業者だ。一九九〇年代初めにアメリカで暮らし、スペシャルティ・コーヒーを知り、その虜になった。一九九四年英国に戻って眼鏡屋の仕事をやめ、スティーヴン・マカトニアと共に焙煎所を始めた。トーツとマカトニアという名前で通っていた焙煎所は後にシアトル・コーヒー・カンパニーと合併し、さらにその後スターバックス傘下となった。二〇〇一年、二人はユニオン・ハンドローステッド・コーヒーという焙煎所を設立した。

トーツはまさにコーヒーの味をワインと比べるタイプのようだ。「お役に立てただろうか。少なくとも楽しんでもらえたらいいのだが」というコメント付きで回答してくれた。彼は「スペシャルティ・コーヒーのクオリティを持つアラビカ豆なら四つの特徴がある。柑橘類とフローラル、チョコレートとナッツ、キャラメルとスパイス、そしてフルーティ。これらのうち一つもしくは複数の味が感じられる。素晴らしいコーヒー豆であれば、エレガントで複雑な味となり、甘やかな酸味が生きいきとしたバランスをもたらしてくれる。このバランスが重要でまさに美味しいワインそのものだ」とトーツはアラビカを評価し、ロブスタはまた残念なことに遠く及ばない。

「ロブスタはとても良い豆であれば甘味がある。しかし白ワインの持つような甘さではなく、よりサトウキビシロップのような甘さだ。多くのロブスタの味は一方的で木材か紙のような味がする。ロブスタの特徴はとくにダークローストの場合は苦みとして現れ、多くの消費者にはコーヒーの濃い味という理解を与えてしまうかもしれない。たしかに濃いかも知れないが、アラビカに比べれば洗練とは程遠い濃さと言えるだろう」

私たちはパナマのコーヒー生産者グラシアノ・クルスにも質問をぶつけた。彼のエイチ・アイ・ユー・コーヒー（HiU Coffee）社は知名度も評価も高い。クルス自身はスペシャルティ・コーヒー業界ではロックスターのように、古い慣習をやめ新たなことを始める人物という風に見られている。

クロシェ家のように、クルスにとっても品質、オーガニック、サステナビリティは重要な点である。これまたクロシェ家と同様に彼も世界各地を回っていかに豆の質を上げるかというノウハウを生産者たちに提供している。

クルスにアラビカ豆とロブスタ豆の味の違いをどう思うかを聞いてみた所、彼はまず香りを、その次に味を評価してくれた。「アラビカには明確な香りがある。フローラルからキャラメル、チョコレートからスパイスまで様々な要素が含まれている。精製プロセスによって、アラビカには香りの強さにも様々なレベルが生じる。香りは甘く、そして水洗式なのか、ナチュラルか、ハニープロセスかによって香りの強さは三段階に分かれる。水洗式では一番香りが少なく、ナチュラルではもっとも香り高くなる」

アラビカの味については、クルスは全体的にとてもクリーンで甘みがあると評する。「フルーティとハーブの香り、花のような酸味があるが苦みが全くない。味にはスパイスとクリームのようなカカオ豆またはチョコレートが感じられる。そして味の濃淡ではフローラルと少しだけスパイスが混じる。アラビカコーヒーを飲むと、しっかりとした味の根幹が存在し、長くクリーンな後味がある」

クルスのロブスタについてのコメントは多くを語らないが、かすかな希望も見て取れる。「きちんと水洗されたものを乾燥させたロブスタには、チョコレートを強く感じさせるものがある。ナチュラルであれば強いフルーティさが香る。もし精製がうまくいっていないと、容易に雑味が混じり込み、皮革や土臭さ、かびのようなにおいがする。水洗式のロブスタには中から高程度の酸味があり、甘味はほとんど存在しない。ロブスタには重めのチョコレートまたはカカオ豆の味の根幹がある。細心の注意を払って精製をすれば、クリームに近い後味が長く残る。精製で失敗すれば、後味は酸っぱく、たばこのようなものになる。ナチュラル精製のクリーンなロブスタであればもう少し甘味があり色の濃いフルーツのような雰囲気を持つ面白い豆になるかもしれない」これがクルスの分析だった。

家族を非常に大事にするクルスは、児童労働についても私たちに質問してきた。「北欧では、子どもたちは収穫時に親の農作業の手伝いをするのかい？　放課後や休日に」

私たちは都会育ちなのでこの質問に答える最適な人選ではないが、手伝っているだろうと答えた。私たちの経験は、夏休みに祖父母のいる田舎で、叔父が運転するトラクターに座って飼料用の草刈りを手伝ったことぐらいではあるが。

マニュアル通りのロブスタの集中型栽培と、それに関連する問題といえばベトナムだ。ベトナムはコーヒー生産「量」でいうと上位に位置する。しかし「質」の面ではまったく上位国とは言えない。一〇年以上前ならブラジルの立ち位置も似たようなものだった。しかし現在では世界のコーヒーのおよそ三分の一を生産するブラジルはいくつかの質の良いコーヒーを生産しようと努力する農場のお陰で、評価もうなぎ上りだ。ベトナムは生産量でいうとブラジルの次で、二位につけている。この二か国で世界のコーヒーの半分を生産しているのだ。

ベトナムでは、多く実をつけるロブスタを生産している事が殆どで、品質や価格に対しての知識が無かったために、生産量を最大限上げることに集中した結果がロブスタの選択である。二〇一〇年代にはベトナムの生産者は収穫がよく生産量が増えすぎ、この結果コーヒーの市場で価格下落が起こってしまった。価格が下げ止まらず、生産者の中には銀行への返済もままならなくなり、倒産するところも増えた。世界でのコーヒー市場価格の下落で、なぜ高品質のコーヒーがこれほどまでに高いのかと消費者も混乱した。しかし市場で扱われるコーヒーは大量生産の品質のものを指している。美味しい、高品質の手作業でひとつひとつの精製を経たコーヒーの場合は品質によって価格が決まってくる。

ロブスタはかなり病害にも栽培時の気象条件にも強い作物だ。しかしロブスタはインスタントコーヒーや安価なエスプレッソ用の混ぜ物として使われることが多い。ベトナムはその顕著な例で、生産者はコーヒーの価格と質の関係を理解していないことが殆どだ。そうした情報がないから、質は悪いけれども育てやすいロブスタをこれまで栽培してきている。それでも、トウモロコシを育てるより少しはましな収入を、インスタントコーヒーを販売する多国籍企業からもらうことができる。ベトナムでは、依然コメが最大輸出量を誇る農産物だが、コーヒーはコメの地位を脅かすまでになってきた。そのため、ベトナムの生産者たちは自然保護区域の土地までもコーヒー栽培地に転用し始めている。

アジア以外でももちろんロブスタは栽培されている。ブラジルでも、アラビカとロブスタ両方の栽培がされている。通信社ロイターは、二〇一八年初めにニカラグアとグアテマラでロブスタ種の栽培を五倍に拡張する計画があると報道した。コーヒー生産者関連団体が生産者に対してアラビカを推奨しても、ロブスタの病害と気候変動への強さは魅力的だ。ただし逆を行く例もある。コスタリカでは一九八八年にイメージダウンするから、という理由でロブスタ種の栽培が全面禁止となっている。

フォルタレザ農場の物語

シゥヴィア・バヘットはFAF農場の母屋は居間で、客人がくつろいでいるかどうかを確認してからソファへと落ち着いた。私たち二人は、シゥヴィアにインタビューできるのはいつかいつかと心待ちにしていた。なぜなら一八五〇年に設立されたこの農場の歴史と物語を生き生きと紡ぐことができるのは相続者の彼女をおいて他にないからだ。窓から吹き込むそよ風が、日光で温まった屋内に心地良い涼しさをもたらしてくれる。私たちはソファの柔らかいクッションにもたれ、これから始まるシュヴィアの話を聞く準備は万端だった。

物語は、シュヴィアの曽祖父の父、フィウシミノ・ムニス・バヘットから始まる。もともと彼らは北東ブラジルに居住し、サトウキビによって生計を立てていた。フランスで学んだフィウシミノは論文でサトウキビ産業の分析をしていた。この論文をシュヴィアと彼女のいとことで復元しようとしているという。次の世代へ一族の歴史を伝えることはシュヴィアにとって非常に大切な事のようだ。彼女は微笑みながら、これらの資料を見ると彼らはもともとユダヤ人で、ポルトガルでの迫害を逃れてきたようだという。というのもバヘット家は農業よりも商売をやっている人物が多かったからだ。

「歴史家のいとこが、私に曽祖父の父の論文を読むように進めてきたの。きっと私が興味を持つと思ったのね。そして読めば読むほど、フィウシミノが考えていたことが私の考えと似ている事に気が付いた。たとえば彼は一つの作物だけを栽培する単作について反対していたし、生産者から直接消費者と取引をすることも推奨していた」とシュヴィアは説明する。

フランスからポルトガルに戻った先駆者の彼は、知人のサトウキビ栽培者たちを集めて彼らをアメリカへ連れて行った。そこで価格帯から市場まで考えうる限りの情報を集め、彼らをより強く、決定権を持つ経営者となれるようにするためだ。

しかしフィウシミノはその後それほど長く研究を広げることはできなかった。学生時代の人間関係が彼を若くして帰らぬ人としたからである。彼は学友をカリブに訪ね、そこで熱帯病を患い、シュヴィアの曽祖父が五歳の時に亡くなってしまった。

孤児として育ったが、しかし裕福な両親のおかげで、シュヴィアの祖父となるフランシスコ・ムニス・バヘットは若い世代としてこれまでのサトウキビからコーヒーへと方向転換を図った。コーヒーの方がより良い未来を描けると考え、二四歳でコーヒーベルトに位置するブラジルのモコカへ移住したのだった。そして現地で農場を開拓していた家系から妻を娶った。

「祖父は貿易業を営んでいたの。おば達の話によると、農家が祖父の元に収穫したコーヒーを海外に売ってくれと持ち込んだというわ。なぜなら農家は自分達で海外に行き、売上金とともに帰国するのを恐れていたから、祖父にその売り上げを保管してくれと頼んだそうよ。それで祖父は、それなら銀行を開こうと言って、一九〇二年その通りに実行したの」

銀行の設立は結果的に成功した。銀行家となった彼はコーヒーの栽培に興味を持ち、生み出される利益をもとに、親戚のおば達の所有していたファゼンダ・フォルタレザ農場――これは要塞を意味するが、後にシュヴィアとマルコスによってファゼンダ・アンビエンタル・フォルタレザ、つまり環境の要塞農場という名前に改名された――を買い取った。

「今でも私達のもとには、当時どんな様子だったかがわかる書類が残されているの。コーヒー豆の収穫量とか、何本コーヒーの木が植えられていたか、農場全体の設備の細かな描写とか」シゥヴィアは目を輝かせて語った。彼女の声からは祖父たちのやってきたことやこの土地の歴史、様々なディテールへの情熱が感じられる。

彼女によると、彼女の祖父フランシスコのようなブラジル北東の人々は、一八八八年、奴隷制が禁じられた後、同時期にモコカに集まってきたようだ。

「祖父は一八六〇年代に既に奴隷制の廃止を予測していたわ」とシゥヴィアは言う。

ブラジルの歴史には、アメリカと似て奴隷制が影を落としている時代がある。ブラジルの奴隷はアフリカから港町であるバイーアまで連れて来られ、そこから各地のサトウキビやコーヒーのプランテーションに送られた。アメリカではもっと前に奴隷制が廃止されたが、ブラジルでもそうなるまでには時間がかかり、段階的に実施された背景がある。まず奴隷を連れてくることが禁止されたが、国内での奴隷の売買は増え続けた。

「そしてやっと奴隷制度が廃止された。ポルトガル国王の息子の言葉よ。『ブラジルを独立国と認める』この王子、ペドロ二世がブラジルの皇帝となった」シゥヴィアは続ける。ブラジルの独立宣言は一八八九年になされたが、ミナスジェライス州にはこれよりも前に独立運動が始まっていた。

「あのあたりには多くのリベラル思想家や知識人の集まりがあった。熱帯雨林の地域で、地元民たちが木々を伐採し耕作や酪農の為の土地を開墾し始めた。聞いた話だけれど奴隷制への強い反対もあったと聞くわ。ブラジル北東部のサトウキビ産業にどっぷり依存した地域では奴隷制はまだまだ根強かった。でもこの農場に奴隷がいたとは思えない」とシュヴィアは思いにふけり、ただここには、逃亡してきた奴隷の隠れ場所があったかもしれない、と付け加えた。

「ブラジルには、キロンボと呼ばれる集団があって、奴隷が逃げるとそこにかくまわれた。おそらくここにも地下貯蔵室のようなところに隠れ場所があったのではと思っているの。この土地の湖の下流には石壁で覆われた洞窟がある。そこはいつも**キロンボ**と呼ばれていたから、おそらく逃亡奴隷が隠れていたのではないかと思う」

シュヴィアの話は頭に残り、後日農場を歩き回った時にも私たちは様々なことを想像したものだ。ブラジルの自然はコーヒー農場でも野生味があり、ファゼンダ・アンビエンタル・フォルタレザ農場（ＦＡＦ農場）での緊迫感は、その歴史だけでなく、多様な植生と動物たちによってもたらされるものだと思うようになった。ここでは真剣に混作と自然の生物多様性に取り組んでいるのだ。コーヒーの木が植えられた畝とチェリーの乾燥台の間を、日に焼けた作業員たちが白いステットソン帽をかぶり忙しく立ち回る。散歩道には二ｍ長の黄色い毒ヘビがのんびり這っていく。空き家となった家が何軒もあり、この農場に十数家族が居住していた賑やかな頃を思わせた。廃校になった校舎の中にはまだ机といすが整然と列を成していて、窓から入る木漏れ日が机の表面で踊るように動く。

日没後夜の帳《とばり》が下り、音の世界もそれにつれて変わる。熱帯雨林のすぐ近くである事、寝泊まりしている小屋の壁にこすれるような音を聞くと、自分を取り巻く外界に思いを馳せ、昼間に聞いた隠れた奴隷たちが夢にも出てきたりした。

私たちはインタビューを続けたが、シュヴィアはしょっちゅう呼び出されて座を中断する事が多かった。それというのも一番上の息子、ダニエル・バヘット・クロシェが二ヵ月後に結婚するからだった。コーヒー栽培農家の後継ぎはどこで結婚式をあげるかというと、もちろん彼らの愛するこの農場でだという。そして母であるシュヴィアには様々な式に関わるやり取りの責任がのしかかっているという訳だ。温かい声であちこちに指示を出す間、私たちは壁に掛けられている農場の発展の歴史を告げる写真群を眺めた。そのうち彼女が戻って来て、話を続ける前にそれぞれの写真の人物と、場面の解説をしてくれた。

シュヴィアの祖父フランシスコは、妻と一四人の子どもをもうけたが、そのうち三人が小さい頃に死亡している。息子は銀行の仕事をするように教育した。シュヴィアの父、ルイス・フィゲイレド・バヘットは法律と哲学を修め、銀行で働くようになってからは農場への貸付を担当するようになった。

「哲学者として父はいつも自分の良心に問いかけていた。環境について、当時市場に出てきたばかりの殺虫剤や化学肥料がどんな影響を与えるかということも考えていた。友人と農場を始めたのだけど、友人が開墾のために森を燃やした時は父は怒って、農場を分割しようと提案したの。木が大好きだったからそういうやり方が耐えられなかったのね。木々を愛する祖父の農場はあまり高い評価がなされなかった。なぜなら当時はすべてを根こそぎ伐採して広々と開けた大きな耕地が良いとされていたから」シュヴィアは説明する。自然への関心と正義感の強さは明らかに遺伝のようだ。

戦後になって、農学者が生産者に対してどんな化学肥料や殺虫剤をどんな用途に使うべきかとあれこれ売り込みに来るようになった。まるで西部劇に出てくるヘビの油売りの業者のようにどれだけ化学肥料などが素晴らしい収穫を約束するかを宣伝する。

「父は、こうしたセールスで化学肥料や殺虫剤を無理やり買わせようとすると苦情を言っていた。私は子どもの頃に周囲の生産者たちがこうした製品を使うようになったことに驚いて、何が正しいのか、分からなくなっていた」

一九二九年ニューヨーク市場が大暴落し、アメリカが恐慌に陥った。その影響は遠くブラジルにまで及んだ。恐慌以前、ブラジルのコーヒー産業は栄えていたが、状況はひっくり返る。多くの生産者がシュヴィアの祖父の銀行に借金を抱え破産へと追い込まれた。

「父は絶対に農場を差し押さえたくは無かったの。だけどしまいにはそれしか方法がなくなってしまった。祖父が亡くなった一九五二年には私達には二九の農場が残された」

一九五二年には、二九のコーヒー農場の持ち主となったほかにも色々な事が起こった。シュヴィアが誕生し、父ルイスの仕事内容にも変化が生じる。彼は農場の経営者として毎日部屋に座り、色々と指示を出すようになる。必要なものをまとめて購入したり農場で働く人々への福利厚生を考えても様々な事務が発生した。従ってルイスが自らコーヒーの木の農作業に関わるようになるには何年もかかることとなる。

そして地方と、そこにある農場は少しずつ廃れていく。一九六〇年代の終わりから一九七〇年代の初めだった。一九六四年にブラジルで革命が起こり、それから二〇年は軍事政権がブラジルを支配し、不景気がはじまる。

「幸せな時期ではあったけれど、あくまで独裁者の支配のもとでのことだった。私達は皆それぞれできる限りのことをやって、なんとか農場を維持しようとしていた。結果的に農場の将来を考えると皆の意見がかなり分裂し、家族で農場を分割しようということになったのかもしれないけれど。お金が入り、利益が出ているうちは誰も文句は言わなかったのだけれども、不景気になって、意見が割れ、農場は分割されることになり、それぞれが得意な分野で力を発揮しようということになった。父は子どもたちに一番良い教育を受けさせたいと思っていたし、良い学校というのはサンパウロにあったから、おそらく都会へ出て銀行で働きたいと考えていたことだろうと思う。とにかくしょっちゅう農場とサンパウロを行き来していた。法律家で哲学者の父はだんだん農場から気持ちも離れてしまった」

農場の分割は一九六七年に行われた。それまでは農場は一つの法人で、モコカ州に倉庫もあった。倉庫は鉄道駅の傍にあり、コーヒー豆はまず倉庫に集荷されたのち、貨物列車でサントスへと輸送された。

「グアシュペ、グアラネシアそしてモコカでは農場の規模が大きくて農場主はその地に住んでいた。カコンデでは規模が小さく場所も高地にあった。後に私とマルコスはこのカコンデの農場が他と違うのに興味を持ったの。当時は農場の機械化が進んで大型の農機を導入するのが普通だったから、高い所にありアクセスも悪いこのカコンデは殆ど価値がないと思われていたの」シュヴィアは言う。

コーヒーの取引ではお金がかなり動いていたため、国がコーヒーに目をつけだした。政府によると、コーヒーは経済の救世主でその利益でもって産業を発展させるというのだ。

「そのころは独裁者がブラジルに自動車産業を興したがっていたから」ため息とともにシュヴィアは続ける。

「コーヒー農家は直接取引を禁じられた。生産者たちは、国にこれこれの収穫量を確保しろ、そしてその三分の一を差し出せという指示が出された。そして国が価格をコントロールし、生産者の代わりに豆を販売したの。このせいでコーヒー産業は壊滅的な打撃を受けた」

価格が低い為、生産者たちは収穫量を増やさざるを得なかった。そこへ都合よく化学肥料と殺虫剤が持ち込まれる。品質は落ちる一方でブラジルコーヒーと言えば「質より量」となっていく。シュヴィアは当時の生産者たちが全く品質について理解していなかったわけではなく、ただ国からの一定量の収穫量確保への圧力があまりに強かったからだと擁護する。

「父は、熟したチェリーだけじゃなく未熟なものもすべて収穫しなくては、なんとか量を増やさなくては、と口癖のように言っていた。そして乾燥時間を早めるために乾燥機を購入したわ。こういう状況だったから労働環境も決していいとは言えなくなってきた」

シゥヴィアは子ども時代の雇い人の待遇は当時の方がずっと良かったことを覚えていた。そのころの雇い人の子どもは大学教育を受けて良い仕事に就く事も可能だったが、栽培の作業が厳しくなるにつれ雇い人たちの状況もどんどん厳しくなっていった。

「今の私の考えかたは、当時の農場と雇い人たちが輝いていた時代のものを反映しているの。子どもの頃はコーヒーや牛乳を生産していたモコカの農場でよく休みを過ごしたものだった。収穫期も素晴らしかったわ。皆が作業に参加して、それを祝って。終末は周りの農場で順番にバーベキューをして祝ったものだった。どこでも鶏を飼っていたし、トウモロコシや色々な食べ物があった。皆で歌ったり遊んだり、乳しぼり競争をしたり。男達は夜にはセレナーデを唄ったものよ。サンパウロで勉強をしている子供たちは戻って来て乗馬もしたわね。夕食の食卓には毎日数十人は座っていたわ。七月は美しくて皆が幸せな季節だった」シゥヴィアは目を細め思い出を語る。

しかし、シゥヴィアの世代から大人になって農場に戻る者が減ってきた。不景気になってコーヒー産業の黄金期も過ぎたと分かっていても、それでもシゥヴィア自身、コーヒーはまた盛り上がりを見せると信じていた。軍事政権の出した過酷な収穫量の確保は農場での働き方へもかなり影響を与えた。生産者たちは以前情熱を持っていた作物の栽培から気持ちが離れてしまい、誇りもなくしかけていた。

現在では小規模農場の生産者たちは農場のそばにいて、できるだけ栽培をきちんと見ることの重要性を理解しているが、彼らはどのように世界のコーヒー産業が機能しているかという仕組みも理解する必要がある。

「カコンデで見つけた小さな農場が、私達が求める最も高品質のコーヒーを生産している事が分かったの。生産者の所有する小規模の農場で、遠くから労働法に触れないよう調整する代わりに、実地で自分達が額に汗して作物を育てる人たち。そして夕方五時になったからもう仕事はやめて家で給料がいつ入るかを待つようなタイプでもない。農場がうまく機能するためには、やはり生産者が現地にいてしっかり最初から最後まで面倒を見ないとだめなのよ。だから私達も現場の必要性を理解するには、こちらに来て実際に住まなくてはと思ったの」

そして田舎に移住するのは段々トレンドとなってきた。シゥヴィアは、サンパウロや他の大都市の大学に出て行った世代が自分のルーツへ戻ろうという思いが強くなったのだろうという。

「彼らは古き良き時代に、正しいやり方で行われていたことにも、新たな技術で農業に何ができるのかにも、新旧をうまく組み合わせることにしっかり集中して考えなくてはならないわ。生産を増大する事ばかり考えて、古くからの知恵は失われてしまった。そして誰もそこから抜け出せていない。皆、生産量がもたらす夢に目を奪われてしまって、そして倒産した」

シゥヴィアは回りくどい事は言わなかった。

シゥヴィアの父ルイスは多くの点で先進的だった。たとえば彼は生産者と消費者の直接取引――ダイレクト・トレード――に早くから着目していた。哲学者で銀行家だった父は年老いてからもコーヒー生産に関するいくつかの夢を抱いていた。それらの夢はシゥヴィアの息子フェリペが幾夏も農場で過ごした子供の頃に自分の夢として吸収していったようだ。

「フェリペのタトゥーの話を知っている？　腕に私の父ルイスが描いた紋章を入れたのよ。父が、小さかったフェリペに対してどんな影響を及ぼすかなんて誰も想像していなかった。フェリペが父の後をついて回り父の行動を観察していたなんて気づかなかったし」

後になって、フェリペは私たちにも腕のタトゥーを見せてくれ、それは祖父が自ら描いたコーヒー・ブランドのロゴだと教えてくれた。

「それが祖父の夢だったんだ、実現はしなかったけれど」フェリペは言う。「これは農場の母屋の地下室から見つけたんだよ。『カフェ・レアル』または『ロイヤル・コーヒー』という名前を考えていたようだ。僕がイッソ・エ・カフェを立ち上げたのは祖父への敬意を表してのことだ」

遺産はしっかりと新たな世代に受け継がれたようだ。

力を合わせるということ

私たちは農場の中心部にある空き家となった家々を巡って歩いた。ここに以前は十数家族が暮らしていたのだ。使用人を減らさざるを得ず、数軒が空き家となった。クロシェ家は使用人をつなぎとめるために出来る限りのことをした。例えば給与を得る代わりに共同経営者となることすら提案したという。しかし農場は分割せざるを得なかった。サトウキビ栽培地と酪農は近隣の農家に貸し出し、コーヒー栽培は規模を縮小し、より少人数で続けることとなった。多くの使用人は夕方以降テレビを見る時間や週末のプライベートを楽しむ生活を手放したく無かったのだ。使用人から共同経営者となるとそんな余裕はない。そんな彼らを責める事もできないだろう。コーヒー栽培は朝から晩まで拘束される重労働だ。

「コーヒーを育てようと思ったら牛の搾乳と一緒でね。週末だけやりたいというわけにいかないんだよ、毎日の世話が必要だ」とマルコスは言う。「収穫期やチェリーの乾燥期はそれこそ一日中かかりきりだ。使用人達で週末も働きたい者はいなかったから改めてどうやって農場をまわしていくか仕組みを考えなくてはならず、ストレスも結構溜まったものだ。生産量を減らして一定レベル以上の品質を維持できるようにした。

経済的にはかなり厳しくなったから、何らかの形で解決策を考える必要があった。二〇〇〇年代初め、経済危機とG.W.ブッシュ大統領のイラク戦争のためにドルの価値が下がった。対照的にブラジルは経済成長でどんどん裕福になりつつあった。ブラジルの最低賃金が引き上げられたために、（人件費が上がり）多くの農場が倒産した。

賃金が上がり、仕事の選択肢も増えた。冷房の効いたショッピングセンターで働けるのに、誰が大雨の中、または灼熱の太陽の下で年中働きたいと思うだろうか。

「自然の恵みのオレンジやライムジュースよりも、コカ・コーラの方が良いなんて風潮だった。皆がなんだか同じようなことを言うようになり、しかしわれわれは農場を別の方向へと導きたいと思っていた」とマルコス言う。

植民地時代を経たブラジルでは、ヒエラルキーは絶対だった。所有者がいて、農場の指導者がいて、使用人がいる。誰もそれに異議を唱えようとはしなかった。

「一九八〇年に結婚して一族に加わった時、私の手に接吻をしようとする人がたくさんいたよ。ルールも今とは全く違っていた。しかし我々がやりたかったのは、使用人たちが自分の足で立てるようにすることだった」

マルコスは私財をなげうって、希望する九人もの使用人の大学進学を可能にした。さらにシゥヴィアを含む農場の指導者層の六人がボトゥカトゥ市にある生物多様性研究所で開催されるコースを受けることになった。このコースにて彼らは土壌、栽培植物、動物そして人間が形成する大きな枠組みとしての生態系と言うものを学んだのだった。当時クロシェ家はまだアメリカから指示を出して農場経営をしていたので、シゥヴィアは三ヵ月ごとに一週間の対面授業を受けるためにアメリカとブラジルを行き来した。彼女に加え、農場長ラウロ・アシス、酪農を担当するシウヴィオ・コスタ・ロンガ、マルコスの片腕で当時ブラジル側の担当していたエドアルド・アルラ・リス、バヘット家に四〇年以上仕えて引退したホセ・アルベス、そして森林エンジニアであるマルコスの弟シロ・クロシェが参加メンバーである。これら六人がこのコースで学んだ内容が大元となり、FAF農場が典型的な農場からオーガニックとサステナブルな農場へと転換をすることができたのである。そして、周辺の農場へも徐々にそれが広がっていった。

「近隣の農場の人たちとも彼らの場所で協力をし始めたんだ。バイヤーを彼らの農場へ連れて行って直接『質の良いコーヒーを育ててくれれば、もっといい値段で買うよ』伝えてもらった。本気でそう言っているのに、それでもなかなか近所の生産者達は信じようとしなかった。三二歳のコーヒー生産者、ジョアン・ハミウトンが、パリのエッフェル塔のてっぺんで自ら育てたコーヒーを飲んでいる画像がInstagramで世界中に広がった。皆がこれを見た。彼が地元に戻った時、状況は一八〇度変わっていたんだよ。いろんな生産者が、どうやったら自分たちもパリに行けるんだと聞いてくるようになった。この変化はコーヒーのバイヤー側の耳にも届いた。スペシャルティー・コーヒーは新たな流れとなったんだ」マルコスは熱心に説明した。

マルコスの昔からの貿易のおかげで、まずＦＡＦ農場が脚光を浴びた。その後でマルコスの展望と海外の熱心なコーヒーのバイヤー達に共感し新たな動きに身を投じた周辺の生産者たちが続いた。最初からＦＡＦ農場と一緒にやってきた五か所の農場は底力をつけ、成功しつつあった。報酬を得て、栽培のためにも作業員の労働環境の改善のためにも投資をすることができるようになり、子どもを大学へやることができ、仕事に価値を見出すようになった。

あまりに多くの行動が無知によるところが多い。貧しい生産者にとってコーヒーは「ただのコーヒー」である。栽培し、売りさばいて食卓へ今日の夕飯をもたらすだけだ。

「彼らはまずいコーヒーを飲んでいるという事を分かっていないんだよ。もしブラジルのコーヒー生産者のもとにいって、彼らの栽培してるコーヒーを飲んでみるとする」

マルコスはかぶりをふる。

「コーヒーには天然の甘味もあるのに、彼らは砂糖をたくさん入れるんだ。そしてかなり焙煎の度合いも深煎りにしてしまう。我々がやっているのは教育なんだ。ワークショップを開催して、生産者たちに参加してもらう。そして自分達のコーヒーを採点する。どうして君のコーヒーが別の人のコーヒーより高価値なのかを聞く。そうすると段々彼らもただのコーヒーと良いコーヒーの違いが分かって来る。もちろん、気を悪くして理解しようとしない生産者もいるけれどね」

マルコスによると、コーヒー生産国の発展を妨げる最大の問題は情報へのアクセスが不平等である点だという。これらの国々では教育のレベルがあまり高くなく、情報も平等にいきわたる訳ではない。アメリカのリーハイ大学の助教授ケリー・オースティンがアフリカ第二のコーヒー生産国ウガンダのブドゥダ地方の生産者たちの生活を一年近く調査した結果、取材した生産者のうち半分ほどしか、彼らの栽培しているものが最終的に飲み物になるのだと知らなかったという。残りの半分は、彼らの作物からパンや薬を作るのだと思っていた。そして驚く事に複数が、コーヒー豆が武器産業の原料となるのだと思い込んでいたという。農業従事者の子どもたちは、中産階級の子どもたちにくらべて受けられる教育は低い環境にいるし、ましてや富裕層の子どもたちについては農家の子どもの状況と比較するまでもないだろう。情報を得られるということは成功への道も近いということだ。

そして徐々に、ワークショップで気を悪くした生産者たちもマルコスの門戸を叩くようになってくる。近所の生産者の生活が良くなり、家が綺麗になり、車が買い替えられたのを目の当たりにし、興味が湧くのだ。教えを乞う者に対して、マルコスは少しずつ迎え入れていく。というのも品質とサステナビリティが一定のレベルに達する以前にいくつかの段階を経なくてはならないからだ。このためには人間の基本的な欲求をきちんと考慮する必要もある。

変遷には長い時間も、辛抱強さも必要だから、やりたいという人も本腰を入れて変わろうという覚悟と、同じ目的に向かって進もうという協力的な態度も必須だ。したがってマルコスはまず、この活動に加わる生産者が用を足したいときにどの場所なら土壌に悪影響を与えにくいかということから、一人一人手を取るように細かく指導する。マルコスによると、生産者が毎日何も考えず適当な食事をして、農場のあちこちで用を足すようでは化学肥料や化学殺虫剤を排除しても意味がないからだという。マルコスは目元に笑みを浮かべてはいるけれども、かなり真剣でこれは笑いごとではなかった。

そして品質で大きな割合を占めるのが摘み取りだ。

「その都度、正しいチェリーを摘み取れば品質も上がる。完熟したチェリーだけが欲しいんだ。青いバナナをあえて収穫はしないだろう？　熟したコーヒーチェリーだけを摘み、乾燥台に広げてゆっくりと乾かす。水分が抜けたら、サイロで保管する。大事な子どものように大切に扱いながら、正しいやり方で焙煎する。それが全部だ」

このプロセスを近隣の生産者に一つずつ教えたことにより、エリア全体のコーヒーの質が向上し、共同で収穫した豆を流通に乗せる仕組みを作れるようになった。しかし様々な個性がぶつかり合ったため、決して学びの道が平たんだったわけではなかった。

「最初の頃は、おたがいお前は共産主義者だ、いやお前こそ狂人だ、と罵り合い、三人目がお前らみんな大ぼら吹きだと言い合ったものだ」今だから笑えるとマルコスは言う。

次にマルコスは仲間たちに水について教えた。

「コメクイドリたちが生きていく場所を確保してやりたいんだ。だから近所の生産者たちにも泉を大切に保護するように教えた。地球上で水ほど大事なものは無いんだよ。人は皆、家の近所の畑や土地のどこに、水源があるかをしっかり把握すべきだし、それを皆で分け合う事を学ばなくてはならない。化学肥料などを撒く事で、水源をだめにしている事すら気付いていない人が多いけれどね。雨が降ると化学物質は土壌に沁み込んで地下水へと到達するというのに」

マルコスが最初に農場でやることは、どこに泉があるか、またはどこに泉があったか、を調べる事だ。

「泉の場所、または昔泉があった場所を調べて地図に印を付ける。そうすると水の流れが見える。その次にそれぞれの流れを（動物たちのために）緑の回廊として水があったところへつなげていく。でも知識も金も無かった。ただ金が無くて良かったのさ、もし資金があったら間違った事をしていたに違いないと思うよ！」マルコスは叫んだ。

水源の保護に加えて、マルコスは生産者たちに自然の肥料を有効利用することを教えた。つまりは作物に加えて複数の植物を同時に育て、土壌が栄養分を得て健康に回復し、次の世代に残せる状態にするということだ。

「前は、彼らはスーパーからオレンジやアボカドやみかん、それらすべてを買っていたんだよ。全部自分の所で育つものなのに。今では皆がオーガニックの果樹園や野菜園を家の裏に持っていてこれらすべてが水源を守る事にもつながっているんだ」

これらの変化は劇的だった。ＦＡＦ農場と一緒に活動している小さな農場でものごとがうまく回っている。コメクイドリ・コーヒー（Bob-o-Link Coffee）と名付けられた共同体を通じて彼らは理想を掲げる考えを広め、自然保護に力を入れ、仲間たちのコーヒーを流通させている。これらの農場の多くはサンパウロまたはミナスジェライス州にあり、九〇〇～一四〇〇ｍの高地でコーヒーが栽培されている。山々にある農場には、昔から泉があり、きれいな水はその泉がある農場でしかその水を使う事はできないしきたりだった。傾斜地にある農場では高度が下がるにつれて綺麗な水を使えなくなっていく。現在 Bob-o-Link 共同体には四二カ所の生産者たちが保護している水源があるが、まだまだ作業は途中のようだ。

「最近、山の頂上にあるコーヒー栽培農場と協力し合っているけれど、まだまだだ。最初は彼らのコーヒーの質を上げてやる事から始まる。それによって経済状態が良くなると我々の事を信頼してくれるようになり、自分の農場以外の事にも視線がいくようになる。彼らの収入があがってから、水源を守ろうじゃないか、と提案するんだ。皆同じ水を使って生きているんだ。そのことを知らない人は多いよ。だけどうちの仲間たちは理解してくれている」

Bob-o-Link 共同体は、やるべきことを着実に進めている。加わっている農場のコーヒーの質を上げ、認知度を向上させた。現在ではマルコスの開拓した流通経路ですべてが機能している。

「我々はオーガニック認証を受けている。妻がそれを要求するからね。我々の栽培するものは他より高価だ。なぜか？　理解したくなければ、無理解な生産者たちの製品を買えばいい。品質とオーガニックとサステナビリティの間には差異がある。サステナビリティを知らなかったり、理解していない人はまだ多いよ。ストックホルムのコーヒー・フェスティバルでは皆がもっとオープンだ。なぜなら彼らは世界の頂点にいるからさ」マルコスは手放しで褒める。

「北欧の人達は我々のプロジェクトを支持してくれた最初のグループだった。ただ、これは一〇〇年がかりのプロジェクトだという事は覚えておいてもらいたい。我々はシュヴィアの父が亡くなった二〇〇一年に、このプロジェクトを始めた。たった二十年弱で既にいい形に変わりつつあるのが見えている」

一番の動機は残念ながら、やはり金だ。自然に沿った栽培を始めた生産者の収入があがったのを見て、他の者たちもなぜあいつらは金回りがいいんだと興味を持つ。この仕組みには北欧の小規模焙煎所も一役買っている。生産者から直接豆を買い取り、彼らをコーヒーに関連するイベントに招待し、喋ってもらうことが増えたからだ。マルコスは生産者たちの夢はストックホルムのコーヒー・フェスティバルにて、聴衆の前で話すことだと教えてくれた。

「消費者の前で話して、自分の名前がコーヒーパッケージに印刷されること。これは生産者にとって成功の証で、夢がかなうということだよ。自分でそれが実現できて本当に幸せだと思う。その理由はアメリカに住んで貿易をやっていたことから物流の仕組みを知っていた点も大きいかも知れない」

ただ彼は北欧にばかり来ているわけではない。マルコスとフェリペは世界中を回って、業界のイベントで自分達の経験を伝えている。

「中米にも行って生産者たちに我々のプロジェクトについて話す機会を得たんだ。水源をきれいにすること、コーヒーの質を上げること」マルコスは続けた。

これまでやってきたことを最初に認めてもらえたのは二〇〇八年だった。ＳＣＡ、つまりスペシャルティ・コーヒー協会がＦＡＦ農場をサステナブルな農業を実践していると表彰したことで、農場の名前が業界に知れ渡ったのだった。

「そのおかげで、自分達が間違っていなかったとやっと思えたんだ。我々のコーヒーはまだ目指す品質には達していなかったけれども、正しい事をやってきて、持続可能なものだと外部から言われたことで、他の場所でも我々の事が話題になっていった」

近所の生産者たちもこの変化に気付いた。彼らの関心を、オーガニックと品質に向けることができたので、マルコスは地元の政治家の元を訪ねた。町にとって一番の宣伝は高品質のコーヒーパッケージに印刷された町の名前だと思うがどうか、と。

マルコス達の上の息子、ダニエルは隣村で、地元の有力政治家の息子と同じプロジェクトに関わっていたので、この政治家の息子を農場に招待した。彼は農場の光景を気に入った。その後で判明したのだが、政治家の息子は地域のツーリズム担当として任命されたところだった。

「そして彼は私達の考えをもっと聞きたがったんだ。ツーリズムも同時に発展させることができるといってね」

マルコスのアイディアは尽きることがない。コーヒー、カシャッサ酒（サトウキビを原料にしたブラジル原産の蒸留酒）、ワイン、チーズに果物。すべてに綺麗な水が必要だ。そしてこのエリアは熱帯雨林の影響を受ける地域に位置しているから、しっかり保護をしていれば水は皆にいきわたる。

「現在は五つの町と一緒に仕事をしているんだ。これらの町の市長や町長たちは山脈や高地にある我々田舎者の事を気にした事すらなかったろうよ。しかし今では世界中から我々の元へ訪問者がやってくる。彼らは輸出されるコーヒーの麻袋に自分の町の名前が印刷されているのを見て、これが、決定的な、大きな変化への第一歩となった。そのおかげで、今はやるべき仕事を続けられている。つまりは水源を守り、自然の植生を多様化させ、栽培する作物の質を向上させ、食卓にあがる食物の質も種類も豊かにする。彼らの食卓にはコカ・コーラはもう上らないよ」とマルコスは満足げに言った。

サステナブルなコーヒー栽培と自然の限界

我々は再度小さなＦＡＦ農場の廃校の教室で、子ども用の椅子に体を押し込んでいた。古い黒板はまだ小学校の算数の公式が描かれることを待っているかのようだ。しかし我々の先生役であるマルコスは、算数よりほかの事で頭がいっぱいのようだった。今日のテーマはサステナビリティだ。窓の外からはジャングルの虫の羽音と鳥の鳴き声が交互に聞こえてくる。あの中にはマルコスのいうコメクイドリもいるかもしれない。

最近ではサステナブルなコーヒーや、サステナブルなコーヒー栽培という言葉をよく聞くようになった。しかしこれらはイコールではない。たとえばクロシェ家が農場でやっているのは、「サステナブルなコーヒー栽培」だが、ここで栽培されたコーヒーそのものはそれだけでは「サステナブルなコーヒー」とはならないのである。なぜなら物流や焙煎のプロセスがサステナブルつまり持続可能性に基づいて実践されているかによって結果が変わってくるからだ。従って、収穫後も、コーヒーが一杯のカップに入るまでの長い道のりのどこかの部分で、業者やショップが欲を出して価格を釣り上げたりすると、このサステナビリティというものはうまく機能しないと考えている。安かろう悪かろうのコーヒーに関しては、元は安く買われたコーヒーが、かなりの値段で売られているという事態は日常的に起こっている。この場合、コーヒーの売り手の利幅はかなりいいはずだ。ビジネスだから利益は出すべきだが、世界を良くしたいというところが根本にあるべきだろう。

マルコスは自営業者として、適正価格が変化への前提条件だとみている。彼は自然に近い形でコーヒーを栽培するために化学肥料や化学殺虫剤をやめることによる農場での手間と投資を考慮して価格を決める。

適正、という言葉が出てきたが、栽培側から消費者へいきつくまでの段階ごとにその生産者なり、物流業者なりが「必要十分な」だけ報酬を得ていくと、最後には消費者もそこそこの価格でコーヒーを楽しむことができる。我々の先生、マルコスは会話の矛先を私たちへと向けてきた。

「持ち物の中で最も大切なものは何だい？　家か、それとも車か？」

私たちは口ごもりながら自分の肉体だと答えた。勢いがついてとどまる所をしらないマルコスは、肉体は何で出来ているか、と質問を続けた。私たちは単純に「水だ」と答えたが、マルコスはその解答には満足しなかった。

「体はすべて君たちが口にするものからできているんだよ。生きていく中で最も大切なエネルギー源は水と食物だ。人間っていうのはベンツを買うのに大金を出すくせに、オーガニック・サラダの値段が高いと文句を言う。野菜が一ユーロで買えるとすると、オーガニックの同じ野菜は三ユーロ出さないと手に入らないなら、高いと思うか？　自然に近い形で栽培され、クリーンな食物だ。それを口から摂取し、素晴らしい栄養を得ることができる。いいか、たった三ユーロでだ！」マルコスは興奮して叫ぶ。

同じ事がコーヒー栽培にも、その他の作物の栽培にも言える。もっと人々に伝えなくてはならない。人々がモノを安く買いたがり、ヘンリー・フォードは車の大量生産を始めた。多くの父親や母親は無知なだけだ。食費をなんとか節約しようとして、大切な子どもたちに知らずに栄養的には劣った食材を食べさせていることもあるだろうし、盲目的に食のピラミッドやそのほかの推奨内容に従っている場合もあるだろう。これらのピラミッドを作った人物が企業に雇われてその図を作成しているケースもある。そして多くの生活習慣が、もっと良いものを知らないための既存の「慣れ」によるところが大きい。たとえば、まずいコーヒーを十年間毎日飲み続けてきたとする。その味に慣れていて、もっと美味しいコーヒーがある事を知らないだけだ。特に、「なぜ」他のコーヒーがもっと美味しいのかということを。

マルコスは自分の身体の重要性を強調する。人間の最も大切な持ち物である身体こそがすべての基本となるべきだと。

「もうやりきれない気分になるよ、『自分をどうしたら救えるのかが分からない。毎日出勤し、食べて、寝て、排せつして、性交して。なぜこういう事をしているんだか理解に苦しむ』なんて言う人たちが世の中にいるんだ。いずれ出るこの本の読者は、絶対こう言うだろうね『ちくしょう、考えた事も無かった。自分もこうするぞ』とね」そしてマルコスは、消費行動をはじめとする選択が及ぼす影響について語った。

「もし健康的に食べ、正しい選択をしていれば、肌も、目の調子も、その日の気分もいいはずだ。自分と、そして子どもの口にするものを考える際、次に口にするとして一番いいものはどれか、注意深く選ぶ事だ。我々がやろうとしているのはそこだよ。価値を分かってくれる消費者に一番のコーヒーを売る。その人たちは、これから物事を変えていこう、自分がその解決の一部となろうという人たちで、我々もそこに本気で取り組んでいるんだ」

最後にマルコスはもし世界を変えたいと思うなら、生産者から消費者まである程度の犠牲は覚悟するべきだと強調した。「生産者としては、化学肥料や殺虫剤をそこら中にばらまいたサラダで一〇倍の生産量をあげる方が本当はずっと簡単だ」

しかし有難いことに、マルコスは安易な道に流れる人物ではなかった。

コーヒー革命は容易にどこかでつまずいてしまう可能性はある。味だ。大勢の人たちが、質の良くない、スーパーの安価なコーヒーの味に慣らされてきた。コーヒーを飲むのは朝や日中眠気を覚ます為だったりするし、はたまた胃腸の動きを促すために飲む人もいる。コーヒーのまずさと酸味はミルクと砂糖でごまかす。またコーヒーの温度も高すぎることが多い。なぜなら温度が高いと本当の味が分かりにくいからだ。同様に、安いビールは、味が分からないようにキンキンに冷やして供される。なぜなら、人間は自分の体温に近いものの味を一番判別し易いからだ。

マルコスは、他の場所でまずいコーヒーが飲まれていたとしても、一番低品質のコーヒーはブラジルに残るのだと付け加えた。

「我々は手でチェリーを摘み取り、ダメなものを取り除く。だから最も悪い豆はブラジルに残されるんだ。卸売り業者はそれを買わないからね。もしこれからもまずいコーヒーを飲みたいのなら、それを止めはしないけれど、我々は伝え続けなければならない。一番大切な財産はあなた自身ですよ、ということを。これは一朝一夕にはできない事だ。全員がオーガニックを受け入れられるとは思っていないし、そんなこと気も留めていない人も多い。クソを食って自分もクソになるだけだ」マルコスはため息をつく。

ここでフェリペの考える「発展の流れ」を上げておこう。彼は二年程前にストックホルムのコーヒーフェスティバルでコーヒー業界のヒップスターたちが集まる夜の喧騒の中、この話をしてくれた。

「全力で若者たちへのマーケティングに取り組んでいるんだ。これまで同じコーヒーを飲み続けてきた五十代や六十代の人間が、簡単に変わると思うかい？　難しいだろ。だから悪いけどそっちには手を付けない」フェリペはにやりと笑った。

もちろん年を取っても時間はかかるが新しい事は学ぶことができる。フェリペとマルコスも、農場の問題については解決志向的に取り組んでいる。時には壁にぶち当たって、頭を何度も打ち付けているうちに壁の方が崩れて道が開けているようだ。農場のオーガニックへの転向が、指をパチンと鳴らして一夜のうちに成功したとは誰も言っていない。消費者の行動については、その都度それぞれが主体的に何を食べるのかを選択するよう、常時リマインドが必要だとフェリペは考えているようだった。

「資本主義の条件に沿って我々もやらざるを得ないと思う。だって市場はそれに従って機能しているだろう？　そして最も民主主義的な方法はといえば、買うときに何を選ぶか、という主張だ。そうすれば世界は個人の消費者行動で変わることができる。ここからジュースを買うか、それとも別の所からにするか。常に注意しながら、透明性を要求して、そこで消費者に誠心誠意対応する企業は商品を買う事で報われるべきだと思う」フェリペは考えながら言う。

彼は、ノウハウは良い前例を追う事で共有できるという。

「もし僕が最高の品質の作物が栽培でき、いい値段で売りさばくことができて、栽培時の手間もずっと減らせる方法を編み出したとする。それを皆に教えない手はないだろう？考えても見てくれよ。そうしたらどれだけの木がブラジルに植えられ、どれほどの土壌が活性化する事か。木々は二酸化炭素吸収源（カーボンシンク）として機能してくれるし温暖化も今よりゆっくり進む。オーガニック栽培によって」フェリペは熱心に説明する。

しばしば海の方が二酸化炭素吸収源として大きな役割を果たすと思われがちだ。しかし土壌をもっとよくしてやればその役割はもっと大きくなるだろう。化学肥料による単一作物の栽培は土壌を枯渇させ数百万の微生物を死滅させ、二酸化炭素を吸収することもできない。地球はすでににっちもさっちもいかなくなってきていて、個人の消費が影響しないと斜に構えるのはナンセンスだ。地球上には八〇億人弱が住んでいるのだから、可能性は無限だ。たとえそれがどんなに甘い理想主義に聞こえたとしても。

次にフェリペは農場を巡回し、我々にコーヒーの木の育つ環境を色々見せてくれた。一部は建物の間に生えている二〇ｍほどの高さのシェードツリーの下に、また険しいジャングルの斜面にもコーヒーの木やその他の植物が植わっていた。我々は苗木がどのように植えられ、どんな環境で育っていくのを見る事ができたし、コンポストがどう機能するかも、摘んだ後のチェリーがどう扱われるかも目にした。かなり大きな乾燥台で、濃い茶色または黒に近い色になったチェリーが二週間ほどの間、照り付ける太陽の光を浴びている。摘まれた時は、品種によってコーヒーチェリーは赤もしくは黄色をしている。周囲は自然の香りでいっぱいだ。まわりのものすべてが食べられそうな気さえしてくる。たとえ標高の高さのせいで、ここまで来るのが平らなヘルシンキの海辺を歩き回るのにくらべて難儀であったとしても、息をするたびに、綺麗な空気を吸い込むだけで肺が、体中の細胞が、喜んでいるようだ。

フェリペが農場に移り住んだときに、彼用に実験室が用意され、フェリペは様々なコーヒーの種類を試していた。この実験には、前述のどんな生育環境が良いのかという事も、マルコスとジョン・ロコの言っていた、それぞれの生物に対して正しい家、すなわち生育場所という事も含まれる。フェリペ自身の環境に関する視点も広がったが、あまり芳しくない気づきも出てきた。

「近隣の農場で作業に従事する人達に癌や糖尿病や、他の病気を患っている人がかなりいることが分かった。これまでそんなに病気の人がいるとは気づかなかった。勿論癌にかかる人は大勢いるけれど、農場で働く人たちは化学肥料や殺虫剤と直接触れるような環境にいる事が原因だ」

この気づきに関してはフェリペ一人の意見ではない。なぜなら、多くの医学的な調査で、殺虫剤と癌や不妊、アルツハイマー型認知症との関連についても結果が出ているからだ。

フェリペは人々がこの誤りから学び、現代が「農業の暗い時代」として将来記憶されることを望んでいる。食糧不足から人間を救い、安定供給を目指すという目的は一見したところ良いものに見えるが、その発展がサステナビリティの点から地球の将来にどんなものをもたらすのか、最後まで考えられていなかったのは明白だ。現在のままでは、地球が収穫をもたらしてくれなくなった時が終わりだろう。

フェリペは効率性の最大化について繰り返し警告する。

「僕が言うのは、一ヘクタールの土地を使うのに一番効率がいいやり方はなんだろう？　ということだ。単一作物栽培か？　そこにだけ注力するのか？」彼は問う。同時に彼はこれまで廃棄されていた作物の別の部位についても考え直すように促す。「我々はコーヒーチェリーの果肉と果皮からカスカラティーも作ってるんだよ。そうすると殺虫剤を直に吹き付けている皮や果実をお茶になんてできないだろう？　だからオーガニックかどうかという事は非常に大事になって来る。当然オーガニックであるべきだ。果皮には抗酸化成分が多く含まれるから、アメリカ人の博士号を持つ友人と一緒に、この抗酸化成分の質をどう定義するか相談中なんだ。どんどん、コーヒー豆自体より果皮が付加価値の非常に高いものになってきているよ」

土壌は作物を生み出してくれる。中心となるのはサステナビリティだ。しかも長期にわたる生き残りの話だ。

「問題は、『今日は生産できた。明日も生産ができるのだろうか』ということなんだ。このままのやり方を続けるとして、個人レベルでは小さな問題は生じるかもしれないが、このまま人生を終えられるだろう。もう一世代もなんとかいけるかもしれない。しかしその次の世代ではすべてがカオスになるだろう」フェリペは消費の進化について語っている。

「これまで何も持っていなかった人たち、情報にもアクセスできず、知識もなく、所有物も無かった人たちはなんというか生き方がシンプルだ。だからといって、彼らがテレビでちらりと見た消費礼賛の番組から、金の延べ棒を買い、レイバンを買い、車を、スマートフォンを買い、豊かさのシンボルすべてを買い求めるようないわゆる悪趣味の消費者になってしまったとしてもそれを責める事は勿論できない。でも消費し続けるだけなら、おそらくその選択に疑問、批判が生じてくるだろう。たとえばその内容は『ビールを飲もう。でもいいビールを』だったり、『よりおいしいパンを食べる』だったりするかもしれない。その次にはおそらく、なぜこちらは美味しいのにあれはまずいのか、という疑問が湧くだろう。それが発展段階だ。この問いを続けていくと、問いの規模自体も大きくなる。たとえばコーヒーはどこから来るのだろう、誰が、どのように育てているのだろう、となっていくはずだ。そして価値観が変わっていく」フェリペの話し方がだんだん父親に似てきたようだ。

価値は品質だけにあるのではない。市場が成熟するにつれて、大きな町で複数の店から良いコーヒーが買えるという事ではなく、良いオーガニックコーヒーが買えるかどうかだ。

どこからコーヒーを買うと、もっともその対価として良い事をしたという価値観を得られるか。ビジネスではここが差別化と広報につながる。

フェリペは、話が自然資源つまり本当の豊かさにうつるとさらに熱心になった。

一五〇〇年代にポルトガル人達がブラジルに入植した時、自然条件は理想的だった。

「土壌、水源、すべての基本要素は我々の〝銀行〟みたいなものだよ。ブラジルは本当に豊かな国だったんだ。豊かな水と自然資源。必要なものはすべてあった。素晴らしい熱帯雨林が酸素を豊富に排出してくれていた。そして我々は〝銀行〟から引き出して、引き出して、引き出し続けた」

「ここから前進するためにいくつかの事を決めておくべきだ。まずは世界が終わりに近づいていることを認める。何事にも限度がある。その次に、言葉の定義をしっかりさせるべきだ。サステナビリティとは何か？　発展とは何か？　我々は発展しながら前進すべきだ。ここにとどまることもできない。いわゆる資源の赤字になると、〝銀行〟に入金できず引き出す事ばかりが続いてしまう。資源を使い続ければマイナスになる、次にやって来る借金の返済額が莫大になるという事は誰でも分かるだろう。なぜ自分がそれを気にするかって?もし我々がこれらの大きな疑問を問い続けるなら、やはりそれらにしっかりと次の道筋をつけ、それに従ってより良く生きるのが理にかなっていると思うからだよ」

フェリペには二つのアプローチがあるようだ。人間は発達すると少しずつ自分だけでなく社会を考えるようになる。小さな子供が関心を惹きたくて騒いでいたのが、少し大きくなると自分が集団の一部だと認識するようになり、騒がず周囲の出来事に耳をすませるようになる。

「もう一つは自分勝手かもしれないが、経済的な理性といったらいいだろうか。僕の目的は農業において、単作で土壌を徹底的に枯渇させ生産量だけに拠るモデルよりも、ポリカルチャーつまり混作が経済的にもしっかり成功できるものだと皆に知らしめたいと思っているんだ。だからコーヒーに加えて、フルーツ、野菜、そして長いスパンではシェードツリーから木材、これらが出荷物として考えられる。こうした幅広い農業を行う事で経済的にも化学肥料に頼る単作よりずっと良い結果を出せる。今言っているのは二〇年で一つのサイクルを作るという話だよ。二〇年後には僕の農地は自然に寄り添う農業でとても健やかな状態になり、この二〇年サイクルにぴったり合った環境になっているはずだ。我々は、目の前の事だけじゃなく、長い目で物事を考えなくてはならないんだ。そこが大きなポイントだよ。農業は忍耐を教えてくれる」

フェリペに農場の将来と短期、長期の計画を聞いてみた。彼は世界の動きに我々も従わざるを得ないということをまず基本として答えた。

「利益がでなければ企業は終わりだ。農家に収穫物がなければ、そこで終わる。もし豊かな土壌が与えられれば農作物は長い間栽培する事が出来る。一ヘクタールの土地で二つの可能性があるとする。一つは単作で肥料を買い込むやり方。もう一つはその面積で栽培を分散することだ。後者を、つまりオーガニックということなら、それが機能するようなレシピの材料を追加する必要がある」フェリペは説明を続ける。

単作の栽培には肥料が必要だ。混作であれば、植物は互いを補完し合い、土壌に栄養分を提供し、そこに合う微生物群が育つ。分かりやすいように、消化を助ける腸内細菌を増やすために発酵飲料であるコンブチャを飲む人間をイメージしてもいいかも知れない。

「そうしていくと単にコーヒー生産者ではなくなる。トウモロコシ、胡椒、バナナ、果物に野菜の生産者だ。そして他の作物でも良いものを作らないともちろん売れない。同業者でここまでの議論ができる覚悟がある者は少ないんだ。うちの場合は、もうすぐナスの収穫で、次の週は人参だ。こういうことなんだよ。サステナブルだ、と腹を決めたら多様性に道が開けるんだ」

第３章

少ないことは豊かなこと

蜂蜜のような桃、レモンまたは青りんご

味の好みを議論するのはあまり意味が無いが、それでも実際には良くある話だ。一方ではもう何十年も朝の一杯として必ず飲んでいる大量生産のコーヒーを好む人たちがいるし、もう一方では、なんであんな舌を刺すような酸味があるものを飲みたいのか理解できないという人もいる。どちらにしても、コーヒー業界のプロがその美味しさとは何か、をより客観的に評価していることに変わりはない。

コーヒーの味には様々な要素が影響する。そして最も味覚が発達した人はカッピング時にコーヒーの採点をすることができ、信じられない事にそのコーヒーが農場の北側か、南側のどちらの尾根で育ったか、ということさえ言い当てることができる。栽培場所に加え、精製方法も味に大きく影響する。摘み取られたあと、コーヒーチェリーは実に何段階もの精製を経ることになる。まずチェリーの中にある豆を取りだし、その後に太陽の光のもと、乾燥台に並べられる。様々な精製方法が、そこで大きく味に影響を与えるのだ。

フェリペ・クロシェは異なる精製方法が最終的なコーヒーの味に与える影響に強い関心を持っている。こだわるあまりに、フェリペは隣の農場のジョアン・ハミウトンと一緒に真夜中にチェリーを摘んでみて、日中に摘んだコーヒーチェリーと味の変化があるかとい

う実験すらやってみたという。革新的な生産者は、できる事なら何でも試してみようとする人達だ。他にも生産者たちから聞いた話では、乾燥台に収穫したチェリーを運ぶ際、半分は蓋の無い樽に入れ、もう半分はこれまでと同じ密封状態のプラスチック製の大袋で運んでみて、味に変化があるかどうか試したこともあるそうだ。組み合わせを考えれば、遺伝子操作から、栽培環境の変化、精製過程、焙煎のプロセスまで数限りないだろう。

「カップ一杯のコーヒーから、本当に様々な味が分かる。どんなにまずいコーヒーでも隠された可能性が味わえる。その一杯で生産者がどうコーヒーを育ててきたか、その一杯が淹れられるまでにどんな精製を経てきたか、すべてが分かる」とフェリペは言う。

コーヒーチェリーの精製方法は、国と、そして生産者によっても異なる。もっとも一般的な方法は三種類で、水洗式、ナチュラル（自然乾燥式）、そしてパルプドナチュラル、またはハニープロセスと呼ばれるものである。それぞれの精製方法が、特定の品種に向いていると言える。たとえば水洗式は酸味のある豆の風味を更にすっきりと、柑橘系を際立たせた仕上がりにしてくれる。

ブラジルのカウボーイたちのファゼンダ・アンビエンタル・フォルタレザ農場（ＦＡＦ農場）では、コーヒー豆が麻袋に詰められ、世界中の消費者に送られる前の精製段階をこの目で見ることができた。というのも、私たちの訪問がちょうど収穫時期に当たったからで、作業の段階を見る事が出来たのだ。とはいっても乾燥期間が長く、ちょうどチェリーを乾燥台へ持っていく段階だったため、最後に豆が保管されるサイロ自体はまだ空だったのだが。コーヒーチェリーは乾燥台の上で数週間の間、定期的にまんべんなく混ぜられる。人工的に乾燥機などを使い、期間を短縮しようという事はやっていない。なぜなら、じっくり自然乾燥させることで天然の甘味が増すからだ。同時に全体がしっかり乾燥しなくてはいけない。なぜならばその後密封状態で長い船旅が待っている為、カビを防ぐためにも湿気が残ってはいけないからだ。

水洗精製の段階で、パルパーと呼ばれる粉砕機のような機械を通してチェリーから外皮と果肉が除去され豆となる。外皮除去のあと、発酵槽とよばれる水槽につけられ、生豆の表面についているミューシレージと呼ばれるぬるぬるした層を発酵させて取り除く。ただ、この段階は六〇kgのコーヒー豆を入れる麻袋分に対して一〇〇〇リットルの飲料水を必要とするため、環境に良いとはとても言えない。このため、エコ・パルパーと呼ばれる機器の利用が急速に広がっている。新しい機器は果肉と外皮に加え、ミューシレージも除去してくれるからだ。どちらにしても、この方式では除去後の豆を水につける事は変りはない。

水洗式はコーヒーに洗練された「クリーンな」味のプロファイル（特質）とはっきりとした酸味を与えてくれる。水洗式で精製されたコーヒーは軽く、フローラル系の味で、時にお茶に近いものすら存在する。レモン、または青りんごのような酸味が、味全体にさわやかさを加える。コーヒーというものに、はまればはまる程、様々な酸味を楽しみ、求める人は多くなるようだ。多くの水洗式のコーヒーは焙煎の度合いも軽めにし、豆の酸味を楽しめるようになっている。

滞在中この水洗式の精製を見せてもらえることになった。精製のさまざまな試行錯誤を重ねているフェリペは、オールのような形をした木製の道具を使って二m弱の高さから飛び降り、コンクリート打ちしてある発酵槽の傍に下り立った。水槽は水で満たされておりその傍に立つとパルパーが規則的に回っている音が聞こえてきた。私たちは豆が水槽に入って来る瞬間を待った。水槽がコーヒー豆で満たされてくると、フェリペは内部の豆が均一になるようゆっくり攪拌しはじめた。なぜならこの水槽で豆が一か所に固まっていると、発酵が不均一になるからだ。

水洗のプロセスは、夕方から夜にかけて行われる。日中はチェリーの収穫が主に行われて、チェリーの袋が乾燥台のエリアに運んでこられる。夜になれば、気温が下がり、湿度は上がる。私たちは温度や湿度が発酵や味に関係していると推測したが、フェリペは異なる気温条件での発酵実験について試すのは、まだまだこれからだと言っていた。赤道近くの地理条件では、精製のほとんどが屋外で行われるので、気温条件を変える事は難しいかもしれないが。

完璧主義者のフェリペは、発酵槽の水を自ら混ぜたがり、各段階ができる限り毎回同じように、そして決められた通りに行われているかを確認したいようだ。そうすることで、一日の作業実施の時間帯、湿度、温度が最終的なコーヒーの味に影響するかどうかを判別できると考えているという。

年を取った人は、「良いコーヒーができたな」と言うことがある。まるで星座の位置が物事に影響を与えたり、自宅のコーヒーメーカーで美味しくコーヒーを入れても味が毎回違うとでもいうようにだ。しかし、実際にはそうではなく、美味しい一杯のコーヒーを淹れるためには、いくつかの基本的なルールがある。(一)原料の品質と鮮度(二)湯が一定の速度でコーヒーの粉を通過し、コーヒーが抽出される正しい豆の挽き具合(三)コーヒーの粉と湯の正しい割合。濃いコーヒーが欲しいからといって、計量スプーンでコーヒーの粉を二杯足したからといっても味自体は濃くはならない。その為には、しっかり主張する、異なる豆を使うべきなのだ。たとえば焙煎の度合いが深いものなど。同じ湯の量に対してコーヒーの粉の量だけを増やしても、苦みが増えるだけである。

アフリカ、特にエチオピアでは、ナチュラル方式が広く使われているが、その違いは水洗式の逆ととらえてもらえば良いだろうか。完熟の赤いチェリーの皮も果肉も付いたままで乾燥台に広げられる。そしてじっくり太陽光のもとで乾燥させたあと、乾式のパルパーで皮と果肉を除去するのである。チェリーは定期的に手作業で裏返し、乾燥も均一に進みカビが生えないように注意を払う。ナチュラル方式の豆は味も桃のような豊かさとコクがある。ナチュラル方式はアフリカに加えて、南米の国、そして何より水不足に悩む国でよく使われる方式である。そしてこれは他のコーヒー生産国にも広がりつつある。ＦＡＦ農場で二〇ｍ近くある乾燥台の横を歩き、真っ赤または黄色いチェリーが太陽の下で乾燥していくのを見るのは壮観だった。チェリーを手のひらにすくいあげて香りを吸い込んでみると、コーヒーの真の香り、太陽光の熱さをスパイスに、豊かな土壌が感じられる。

多くの人が、ナチュラル方式の味へ与える影響を評価している。未加工のチェリーをじっくりと乾燥させると、フルーティな甘さと豊かな味が豆に加わる。とはいっても、ナチュラル方式の場合はフルーツサラダとか、祖母が昔作ってくれたようなミックスベリージュースのようなもので、（たとえば桃やキウイを判別するのは難しい）自然乾燥であるナチュラル方式のコーヒーは、例えて言うなら瓶詰時に濾していないワインのようなもので、同時に複数の味が感じられて緊張感がある。しかし味わいは難しくもある。なぜなら味が混在し、一つ一つのニュアンスに集中できないからだ。ただ、より多くの人が、特にナチュラル方式が水を無駄遣いしないという環境への配慮を評価しつつある。チェリーを水につけることに比べ、ナチュラル方式ではより多くの労働力と手間が必要となる。特に価格の面で、大規模な焙煎所はナチュラル方式よりは価格が抑えられる水洗式を好む傾向がある。

パルプドナチュラル（半水洗式）は、その名の通り水洗式とナチュラルの中間だ。コーヒーチェリーの果肉をパルパーで乾燥台に広げる前に取り除く。生産者は乾燥させる前に、ミューシレージをどれくらい残すか好きなように決めることができる。なぜならこれによって最終的な味の傾向を調整できるからだ。ミューシレージが薄いほど、酸味のあるコーヒーとなる。ミューシレージを手付かずで残した精製方法をハニープロセスと呼ぶ。ハニープロセスのものは、味もかなりコクがあり、キャラメルのような甘さがある。ジューシーで、パイナップルやその他の南国のフルーツのようなニュアンスを持つ。ミューシレージがついたままで乾燥された豆は見た目もつやがあり美味しそうだ。ハニープロセスという名前も分かりやすい。というのも果肉を取り除いたあとの豆は粘液質のシュミレージで覆われているので、乾燥台で混ぜているとかなり手がべたつくからだ。

精製方法に関わらず、高品質のコーヒーは不適合な豆、つまり欠点豆を、一つずつ取り除いていく必要がある。精製し乾燥させた豆から傷がついた豆や未熟なもの、大きさや色が不ぞろいなものをとりのぞいていく。そうしてできるかぎり粒ぞろいにして出荷を目指す。なぜなら、前述のような傷や、不ぞろいな豆が少しでもあると、一杯のコーヒーにも、要らない苦みや、土くささ、時にジャガイモのようなニュアンスさえ味に加ってしまうからだ。これらはハンドピックでやる作業も多く、したがって時間がかかる。しかし、この手間を惜しまないことで生産者は出荷する豆の品質を担保し、より良い価格をつけることができる。また、欠点豆も廃棄する訳ではない。それらのランクの低い豆専用の市場が存在するからだ。ここで取引されるコーヒー豆が、スーパーの安いコーヒーや、インスタントコーヒーと混ぜられることになる。最も質の悪いコーヒー豆、つまりインスタントコーヒー用としてすら売れないものは、生産者の国内で地元の消費者が飲むものとなる。そのために、コーヒー生産国に旅行すると、美味しいコーヒーにはなかなかありつけないという事態になる。これは問題で、生産者自身、自分が何をどう育てているのかちゃんと認識していないという原因の一つでもある。同じ理由から、生産者たちは自分達が育てたコーヒーに適正な価格をつけることができないし、それによってより良いコーヒーを『サステナブルに』栽培し、さらに良い値段を獲得しようという動機にもつながらない。サステナブルなコーヒーというとき、我々は環境に優しいという事を意味しているが、それだけでなく、コーヒー栽培にかかわる人間とその労働環境が良い事も含めて意味している。エコロジーであることとサステナブルである事は同一ではない。繰り返すが、コーヒー豆は環境に優しい方法で育てられたかもしれないが、農作業従事者は奴隷のように働かされたかもしれない。その代わりに、品質とサステナビリティはしばしばセットで登場する。大切にされていない農作業従事者は、往々にして指示されたことしかやらないが、モチベーションがあれば、一つ一つの作業のパフォーマンスも高く、自らを高めようと努力をし、やり方を改善してより質の良いものを作ろうとする。

生産国での最後の段階は生豆の梱包と仕向け地への発送だ。伝統的に生豆は麻袋に詰められていたが、最近では高品質の豆は真空梱包か、グレインプロ包装という麻袋の内側にビニールが張られているもので、そこに生豆が詰められることが増えてきた。これにより、できるだけ長く鮮度を保つことを目指している。麻袋や真空にした袋は次にコンテナに乗せられ、船で世界中へ運ばれる。麻袋は環境保護的にも難しい素材だった。なぜなら生豆を納品した際、役目は終わり無用となるからだ。経済的にも環境の面でも最後まできっちり考えられてはいなかったようだ。現在では麻袋はインテリア関連でリサイクルされることが増えている。

麻袋が欧州、北米やロシアに到着すると、カップ一杯のコーヒーになる前の、最後の段階、つまり焙煎となる。焙煎は、栽培された豆がカップに行きつくまででも重要な段階だ。焙煎前の生豆は薄緑色で、固くてそのままではなんの味もしない。焙煎すると水気が消え、脂肪分が表面に浮き上がって味が形成される。焙煎はその豆をどういう豆にしたいかという方向付けとおおまかにライトローストか、ミドルローストか、それともダークローストかで選び一〇～一五分ほどで完成する。

大規模工業型の焙煎所はスピーディで効率の良い生産を望むので、焙煎も一度に大量かつ高速で済ませたがる。この場合は、如何にバランスよく、豆の表面が炭化しないよう、また内部までしっかり乾燥させるかが焦点となる。均一に熟したチェリーと、あえて時間をかけた焙煎が味に良い影響を与えるかについては、意見が分かれるようだ。焙煎時間を最終的な味とあまり関係ないと主張する人たちは、生豆の質がほぼコーヒーの味のすべてを決めると言う。なぜなら小規模の焙煎所での焙煎作業がほぼすべて手作業であるのに対して、大手ではすべてが自動化されている事が多いからだ。

日常では、コーヒーは鮮度が大切な飲み物だということを忘れてしまいがちだ。だから焙煎後のコーヒーは毎日味が劣化し、特に香りはどんどん失われていく。包装にもよるが二ヵ月から半年で香りは失われる。焙煎後の豆の皮は鮮度をある程度守る保割を果たすが、粉に挽いた途端に酸化が始まり、どんどん味と香りが落ちていくからだ。

消費の進化論

世界でもっとも輸出量の多い農産物として、コーヒーの生産国でのコーヒーの占める割合は米、トウモロコシまたは小麦よりも大きい。世界の食品市場では、焙煎していないコーヒー豆、つまり生豆はＩＣＯ（International Coffee Organization）によると、石油の次にもっとも取引量の多い原料だという。フェアトレードラベル機構によると、熱帯域の農産物の比較ではコーヒーは最も高価値で広く飲まれる産物でもある。複数の国とその経済がコーヒー栽培に依存しており、数百万人以上がコーヒー産業に従事している。フェアトレードラベル機構によると具体的には、コーヒーで生計を立てている人数は世界で一億二五〇〇万人だという。その中で生産に関わる割合が多く特に地域でいうと赤道付近、つまりは南米、アフリカ、インドネシア、インドなどで、これらの地域で元々コーヒーが生育する環境でもある小規模コーヒー農園の数は二五〇〇万カ所、実に世界のコーヒーの八割がここで生産される。にもかかわらず、彼らが得る収入は家族を養うのにも足りない事すらあるくらい微々たるものだ。

コーヒーの市場価格は市場で需要と供給のバランスで決まって来る。この場合扱われるコーヒーは工業型農業で大量に生産された豆でクオリティはそこまで高くないものを指す。世界の大手焙煎所は市場価格から数パーセント低めの価格で買い取る代わりに、生産者、または共同生産グループの収穫全部を買い取ると約束する。多くの小規模生産者が化学肥料や殺虫剤を使わず、大量生産豆よりも高品質の豆を作っているにもかかわらず、それを知らずに大手の言い値、つまりかなり割安な値段で収穫分全部を売ってしまう。どちらにしてもブローカーに全部売り、そこから国外の焙煎所に売りさばかれるため、生産者が自分の育てたコーヒーを味わう事は殆ど無い。従って育てた作物の価値を知る機会すらないのだ。

生産者の無知のために、彼らは数世代にわたって経済的に搾取されてきたと言っても過言ではない。搾取してきたのは、西側諸国の買い手、ブローカー、卸売業者たちだ。高品質のコーヒーすら大量生産コーヒーの卸価格で買い取り、しかし売るときには品質に見合った値付けをする。買い手は豆の品が良い事は分かるが、それに対して適正価格を払いたくないコーヒー焙煎所ということになる。これを続けてきたために、コーヒー生産者の次の世代がもっと良い仕事を探して都会へ出ていき、後継ぎがいないという事態になっている。ＦＡＦ農場にも同じことが起こり得た。ビジネスマンの夫と、この農場を引き継いだ当時、二人はシカゴに住んでいて、シゥヴィア・バヘットの仕事は文学関連だった。

フェリペ・クロシェは、私たちにコーヒーの価格決定に関する内情をもう少し教えてくれた。生産者は収穫した殆どのものを一度に売ってしまうことが多い。値段は、市場の取引価格に加え、収穫量によっても変わってくる。スペシャルティコーヒーであれば、収穫されたコーヒーもランク付けをし、それによってそれぞれ価格が異なる。収穫量全部を売るのは同じだが、最高品質の豆には一番良い値段を、最下位のランクの豆には一番低い値段が付けられる。

ＦＡＦ農場では実験が進行中で、中くらいの品質の豆の価値をいかに上げるかという事を目指していた。具体的には収穫後の発酵段階を改善する事で質を上げるという事のようだ。スペシャルティコーヒーの栽培では、収穫のうちほとんどが中程度の豆になるため、このカテゴリの豆の価格を上げられるかどうかが生産者の収入に直結するのだ。一方クロシェ家の人達は、ランクの低い豆からも商品などを開発して、これまた生産者の収入をどうやったら伸ばせるか手探りの努力をしている。

最も多く取引される大量生産の豆の栽培費用は、フェリペによると一kgあたり一・二ユーロだという。買取価格はkg当たり一・八ユーロ未満だ。八四～八五点を獲得するスペシャルティコーヒーの栽培にははkg当たり一・八五ユーロかかるとする。その場合、買取価格はkg当たり二・九ユーロにもなる。最高の品質のコーヒー豆であれば栽培費用はkg当たり三・三ユーロもするが、平均買取価格は四ユーロを超える。ブラジル産コーヒー豆は六〇kg容量の袋で売られるが、分かりやすくするために、ここではkg単価で説明する。

「普通の農産物なら、買取価格がアップするような環境への配慮や健康志向といった外的要因は殆どないだろう。オーガニックの農産物を栽培すれば、費用は大体倍になるが、健康志向などの外的要因のために同じ比率で価格も上がる。僕が思うにオーガニック栽培はもっと利益率の高い混作モデルが生まれるまでは、まだ割高な栽培方法だろう」フェリペは考える。ここで例としてＦＡＦ農場のカスカラティー、果物、種、木材の販売が考えられる。

フェリペは、フェアトレード認証はコーヒーの採点には良い影響はなく、価格をあげることもないという点に注目するように言う。

「認証は高品質のコーヒーを作ろうというモチベーションにはつながらない。どちらかというと質を下げて生産量を上げる方に向かってしまう」と言う。「フェアトレードコーヒーの場合は一袋あたり一一九ユーロ、つまりkg当たり二ユーロしか支払われない。フェアトレード認証を受けるための会費や費用は生産者の自己負担になるんだ」

価格の話、特に生産者がより高い収入を得られるかという話をした後で、これらはあくまで平均的な金額の話だと改めて強調した。

「時に素晴らしい品質のコーヒーを売りさばいて、生産者に袋当たり八七〇ユーロ、つまりkg当たり一四ユーロを支払えたこともあるんだよ」と誇らしげに言う。

最後にフェリペは、これまで話した値段は生産者に払うべき金額だけであることも強調した。コンテナや輸送コスト、精製、投資、事務処理、そして様々なリスクによる突発的な費用、その他雑費など数え上げればきりがない。養うべき口も何人もいる。

コーヒーには一般の食品店にとっても大きな意味がある。小売店では、客寄せのためにコーヒーのパッケージ価格を大幅に下げ、安売りで客寄せをする。その際、殆どの場合はコーヒーの売り上げは赤字だ。なぜなら顧客はその日店に行っても、スーパーで一番安いコーヒーを手に取り、同時にその週の普通の買い物を済ませることが多いからだ。この構図はコーヒーの将来を考えると全く望ましくないし、貧しい生産者がますます苦しくなるだけだろう。私たちはニューヨークのコーヒーフェスティバルで様々な面で進んだ店としても知られるホールフーズ・マーケットにて、全く違う現実も目にすることになった。そこではコーヒーが与えてくれる可能性に既に気付いているのだ。

ホールフーズでは、コーヒー売り場に様々な小規模生産者の素晴らしいコーヒーが並んでいた。そして多くの店舗にショップ・イン・ショップがあり、バリスタがテイクアウトのコーヒーを提供し、お客に対してお勧めのコーヒーをアドバイスしている。つまり良いコーヒー自体が客引きの役割をちゃんと果たしているのだ。しかも安さではなく、高品質であるという点で。

飲食・旅行業ではコーヒーはトップの、または売上ベストスリーの商品カテゴリーに入る。そして生ビールの次に利幅が大きいものだろう。金額で言うなら、たとえ一杯がコカ・コーラやビールの単価より安くてもコーヒーの利潤は最も高いのではないだろうか。コーヒーは朝から晩まで売れるが、ビールを飲むのは夕方から、そして週末に集中するからだ。ドライブインやガソリンスタンドでは、コーヒーとガソリンのどちらが良く売れるか、いい勝負だろう。また西側諸国の職場では、雇用主はコーヒーを社員へ無料で提供する事が多い。

大手の工業型焙煎所はこれまでずっと質の悪いコーヒーを、レストランやスーパーにかなりの低価格で販売してきた。彼らにとってコーヒーは何より量を売りさばくものなのだ。しかし消費者にとってのコーヒーは、日常生活のリズムを整えてくれる嗜好品となってきた。我々の思い描くコーヒーの値段は、完全に間違っているのである。スーパーで安く買ったコーヒーの仕入れ価格は、実は売り値よりずっと高かったという事を知っているのはごく少数だ。そしてこれらのコーヒーは、質の良い美味しいコーヒーという訳ではなく、大量生産された苦い飲み物だ。我々はそれをカフェインの覚醒作用と単に習慣のためになが長きにわたってそれを飲み続けてきた。コーヒーがあまりに安いので、我々はコーヒーにふさわしい評価すらできずにいる。安いコーヒーは味の面でも美味しいという体験をもたらしてくれるものではないが、それを口にすると、そわそわして落ち着かないという症状をしばらくの間やわらげてくれる。脳のシナプスを活性化させてくれ、気分が高揚する。苦みが多い安いコーヒーは胃腸の働きも活性化する効果はある。従って我々の日常にコーヒーがしっかり組み込まれているのも自然な話だ。現在の、どこでもコーヒーが飲めるという状況にありながら、本当に美味しいスペシャルティコーヒーを味わったことがある人が、実はかなり少ないというのは驚くべき事実だ。ひょっとすると、それが理由で我々こそもっと美味しいコーヒーをという考えに至らず、コーヒーには質の代わりに安さを求め、現状に満足してしまっているのかもしれない。そして安いからと、自宅でも職場でも必要以上の分量のコーヒーを淹れてしまい、余ったからと流しに捨てているのではないだろうか。このような無駄をこのまま続けていていいかどうか、予言者でなくても分かるだろう。気候変動のためにコーヒーの栽培は年々難しくなっている。そして需要が供給を上回れば市場でのコーヒー取引価格は上がっていく。ランチについてくる無料のコーヒーも、ホテルの朝ごはんで何杯もコーヒーを飲むことも、職場のコーヒーマシンでボタンを押せば無料で飲めるコーヒーも望めなくなるだろう。コーヒーの値段があがれば、消費も抑えられ、我々もコーヒーに対しての考え方を改められる――と望みたいところだ。

今後コーヒーパッケージがただ同然で配られることがなくなり、適正な買い取り価格が生産者に支払われることになれば、大量生産コーヒーを楽しんでいる人たちが世界の終わりだと感じるかもしれないこの事態は、コーヒー業界の全体の利益を考えると逆にいい面もある。収入が増えれば、焙煎所も生産者も、より良いコーヒーを倫理的に環境に、より優しい方法で栽培する事に力を注げるからだ。焙煎所は生産者に対して、サステナブルな栽培モデルを要求でき、かわりにもう少し良い買取価格を条件とする。小売りのセクターでは、我々消費者に対して、利潤を削ることなく、今よりも良い商品を提供することができるようになる。そしてコーヒー依存症の我々は、より良い、より美味しいコーヒーを味わうことができ、サプライチェーンの中で金に目がくらんで伐採された熱帯雨林のかわりに植樹も進めていくことができ、皆がハッピーになるというわけだ。もちろんコーヒーの価格自体は上がる。しかしそれで我々が「貴重な」コーヒーを流しに捨てる事が減れば、払ったお金を無駄にすることもない。

このような進歩があれば、将来も我々はコーヒーを飲むことができるだろう。

フェリペ・クロシェはストックホルムのコーヒーフェスティバルで、特に若い世代が批判的になり始めているのを見た。例えばお金の使い道だ。情報に基づいた消費が生まれる。そこではお金を使うことによってより世界を良くしようという行動が常時行われる。

「今はまさに品質がそれにあたると思う。しかしその次に疑問が生まれる。では品質がもたらしてくれる付加価値とは何なのか？　美味しいビールは自分へのご褒美だ。美味しいコーヒーを飲む、美味しいものを食べるといい気分になる。新しいシャツを買うといい気分になる。でもサステナブルに製造されたシャツを買うと、さらに気分が高揚する」

フェリペは説明しながら我々を消費の進化論へと誘う。

フェリペは自分で観察してきたのだろう。ストックホルムの夜が更けた時の会話は、例えばビールであったが、つまりそういうことなのだ。

「二〇〇九年にアメリカを離れた時、皆がバドワイザーを飲んでいた。クラフトビールを飲んでいた奴なんてごく少数だ。二〇一五年四月にアメリカに戻った時、ナッシュビルにコーヒーについて講演しに行ったんだ。その夜にバリスタ仲間たちと地元のレッドネック行きつけのカントリーバーに行ったんだ。ここでは職人の作ってくれるクラフトビールは買わないだろうと思った。というのも以前住んでいた頃はそんな風習は無かったからだ。五本のバドワイザーを買って戻ったら、若手のバリスタたちはバドワイザーを飲んだことがないって言うんだ。安月給のバリスタたちなのに小規模の醸造所の割高な地元のクラフトビールを飲んでるんだよ、すごいだろう！」

フェリペは、人の意見や考え方の変化や進歩は尊重すべきだという。まずサステナビリティと多様性について話し、おおきな全体像を描いて見せる。

「大学に行っていた時にアーシュラ・グッドイナフという教授がいた。彼女は本を書いていて、すべての人間は内なる中心に平和を見出さなくてはならないと言っているんだ。ある意味自分の心を安らかにする確固たるものだ。宗教とは関係なく、皆が平等だと感じられるものを見つけてみるとする。彼女にとってそれは自然と地球だった。僕たちも自然へ敬意をはらわなくてはならない。なぜなら、そうしなくては負けるのは分かり切っている。僕たちは様々な小さなルールを守らなくちゃならない。もし守らなかったら科学者ヨハン・ロックストロームのような人物が現れて事態を分析し、こういうんだ。『私は審判だ。私の言葉は絶対だ。言う通りにしなさい』とね。強制的に自然を尊重するか、主体的に、自分達がそうだと信じるから自然を尊重するのか。後者の方が自分に合っているし、世界にもその方が良いと考えている」

フェリペが言うヨハン・ロックストロームは、ストックホルム大学の教授で、サステナビリティと自然資源保護について世界的に知られる人物だ。

フェリペによると、最大の問題は、収入と教育レベルに関わらず存在する世界中の不平等にある。大企業とその利益を推進するグループ、そして非常に恵まれた複数の個人は、何か変化を起こそうとしても、実にそれが実現しにくい仕組みへと世のなかを作り上げてくれた。また前述の良いコーヒーを飲んだことがない生産者のように、良いものを知らなければどこからそんなものを探そうという意欲が湧くだろう。

「自分の世界で完結していて、直接かかわる周囲の人間しか見ていなければ、現状を変えようとか、他の所に目が行くはずがない。いま住んでいる所で教育を受け、地元のクラブに入って、皆と知り合いで、すべてうまく回っている。わざわざ変化を起こす必要がないだろう？　そういう人にとっては、『なんでポット一〇杯分のコーヒーが淹れられるのに、わざわざ美味しいからといってポットにたった一杯しか淹れないんだ』という事になる訳だ」フェリペが言う。

この打開策として、フェリペは中産階級を上げる。少なくとも西側諸国の。

「中産階級が増えれば、彼らは少なくとも教育をうけられ、情報へのアクセスを得られる。人が情報を得ると、面白い事が起こるんだ。だからわれわれはヨーロッパ、アメリカ、オーストラリアに来るのが好きなんだよ。こうした国々の人達は自ら考え、批判的にものを見て、面白い事をやっているからさ」

最終的な問題は、それほど大きな金額の話ではない。たとえ消費者が客寄せの赤字覚悟でスーパーが広告に載せる格安商品に惑わされたとしてもだ。

もし一kgのコーヒーがスーパーで一〇ユーロするなら、九ユーロ以上が農場から店の棚、もしくはカフェのカウンターに並ぶまでの物流中間業者の手に渡る。そして税務署やその他役所が残りの一ユーロから必要分を取っていくと生産者に残るのはどれくらいだろうか？　または生産者の元で重労働をしている農業従事者たちの手元には？　収入が少なすぎれば、いずれ立ち行かなくなるし、間違ったこともしてしまうかもしれない。世界中の殆どの生産者たちは余りに安いkg価格で自ら栽培したコーヒーを手放している。そのために、彼らのほとんどはなんとか収穫量を増やして、できる限りコストを下げ、スピーディにやることにばかり力を入れざるを得ない。こんな状態だから、作業従事者の労働環境だの、土壌の将来だのということまで頭が回る筈がない。なぜなら自分達家族の食卓に今日の食事をを確保する事で精一杯だからだ。またこれまで長きにわたり、生産者は価格と品質がセットになっていることすら知らない場合も多い。つまり高品質の作物を栽培できれば、収穫量を減らすこともできるわけだ。

さて、ここまで話してきた大量生産コーヒーとサステナブルに栽培されたコーヒーの価格差はどれくらいのものなのだろうか。コーヒーの消費量を統計で取るとき、または一杯のコーヒーの値段を比較するとき、カップのサイズは一二〇㎖である。一杯のコーヒーに使うコーヒーの粉は七・五ｇであるから、一kgのコーヒーからは一三三杯のコーヒーが飲める。もし工業型大量生産のコーヒーの値段がカフェオーナーに対し一kg八ユーロであれば、上の計算でいうと一杯当りのコストは〇・〇六ユーロだ。逆にサステナブルに栽培されたコーヒーがkg当たり一八ユーロかかるなら、一杯のコーヒーのコストは〇・一四ユーロだ。消費者のお財布にとって八セントぐらいの差しかないのだ。

食料品店では、コーヒーをパッケージ単位で売っているので少しの価格差も大きく感じる。もしスーパーの経営者が大量生産コーヒーに一kg八ユーロ払っているとしたら、五〇〇gのコーヒーパッケージに対して、六ユーロぐらいの価格をつけ、消費者にとってはコーヒーのkg当たりの値段は一二ユーロとなる。もし経営者が一kg一八ユーロのスペシャルティ・コーヒーを買っていれば、五〇〇gのパッケージは我々が買うときには一三・五ユーロ、つまりkg当たり二七ユーロだ。店側には、なぜこんなに価格差があるのかという消費者への説明責任が残される。しかし一方では、高いコーヒーを淹れておいて、わざわざ飲まずに捨てる人は少ない。

高価なコーヒーと言えど、結局は高くないどころかかなり安価だ、ということまで考えている人は少ない。そしてどちらにしても気候変動がコーヒー栽培を後戻りできない状態に変えてしまう事に変わりは無いので、マルコスはより少なく、より良いものを飲むよう勧める。

「コーヒーは一日の最初に口にする嗜好品だ。そこで良いものが飲めたらすぐわかるだろう。たった一杯のコーヒーは安価ではあるが、そこからもたらされる気分の良さや高揚は良い後味となって一日を楽しくしてくれるだろう」

マルコスは、これから起こる変化、革命のなかでコーヒーこそが生産者と消費者をつなぐ役割を果たすという。

「コーヒーみたいに身近なものが認識を深め、世界を変えることができる。この美しい地球に生まれる人間皆が楽しんで、自分の必要性を満たし、そして自らこの世を去るときに次の世代にもっといい場所として残していく。いいことをしたと分かっていれば、去るときも自分にしてもずっと気分がいいだろう」彼は諭すように言う。

マルコスよりは現実的でじっくり型の息子フェリペは、何がコーヒーをそこまで特別なものにするのかという点を考えているが、きっとそれはその日常性なのだろうという。コーヒーは世界中で多くの人の日常生活に組み込まれている。しかし同時に、ただ生活の一部なだけではなくて、もっと何か大きなものだ。

「コーヒーは人に会うための、人が社交的になる言い訳に使われる。自分の目の前にいつもあるけれど、気づいていないものに価値を見出すという事なんじゃないかと思う。物事のやり方について、誰かの意見を変えるという事は非常に難しいよ。というのも皆それぞれの考えがあって、頑固だから自分で何もかも分かってると思いがちだ。コーヒーのような日用品で何かを証明したいと思ったら、『お前はこうやるべきだ』というスタイルで取り組むべきじゃない。それじゃ絶対うまくいかないんだ。逆に気づかれないようにそっとテーブルに差し出すぐらいじゃないと」フェリペは説明する。カップ一杯のコーヒーを目の前に出されるように、とこちらは付け足したくなる。

マルコスは「ロマンス」という言葉を自分と素晴らしいコーヒーとの関係性を表す言葉として使う。

「コーヒーでも、味だけでなくもっと多面性が欲しい。良いワインと一緒だ。まず香りからはじまる。良いコーヒーは週末に焙煎して、飲むときにその分量だけ豆を挽かなくちゃいけない。そこからロマンスが始まるんだよ。体験全部を楽しむんだ。まずはその品質を、それから香りの先に広がる世界に到達する」

マルコスの話からは、次の世代に、そして彼らと地球に何が残せるのかという事に考えが及ぶ。荒れ果てた大地と鳥もいない大空。それとも多様な自然とゆっくりと回復する熱帯雨林、どちらだろうか？

私たちはストックホルムのコーヒーフェスティバルの都会的な雰囲気の中で、そして熱帯雨林のど真ん中で、如何に我らがＦＡＦ農場のマルコスとフェリペの二人が、スペシャルティコーヒーを日常において自分へのご褒美として話しているのを何度も聴いた。サステナブルに育てられたスペシャルティコーヒーとは、奴隷のように労働者がこき使われたり、化学肥料や殺虫剤が使われるような光景は相容れないものだ。

フェリペは商品をロレックスの腕時計や高価なワインと比べようとはしないが、それでも一杯五ドルのコーヒーをスーパーで安く売られている粗悪品と比べたら非常に贅沢だといえる。

「トレーサビリティがしっかりしていなければ、消費者にとってコーヒーの価値は下がっていくと思う」と彼は言う。「たとえば消費者に二種類のコーヒーを提供するとしよう。一方は八七点の、もう一方は八八点のものだ。普通の人に違いが分かると思うかい？でも一方がオーガニックで、もう一つはそうじゃない、となれば話は別だ。きっと消費者はその情報に重きを置くだろう」

フェリペの意見では、コーヒー業界では成長が見込める良いコーヒーの価値がわかるだけでなく、素晴らしい仕事をしている農場の、良いコーヒーの価値が分かる。という顧客の集団をまだしっかりつかみ切れていないようだ。

「一度フランスに『良い生産者にしっかり還元を』というコンセプトで話をしにいったんだ。そのセミナーの後で、バリスタをしているという若い女性が僕らの所に話に来た。彼女は僕らが言いたかったことを分かってくれた。そして彼女は『つまりトータル・クオリティよね』って言ったんだ。僕らはなんていい言葉だろうと興奮したよ。今まで聞いた中でも、一番この考えをうまく表現していると思う」

時が経つにつれて、マルコスとフェリペは、トータル・クオリティという言葉は何も新しいものではないという事を知った。製造業では既に使われている言葉だったのだ。製造、労働そして環境への配慮、サステナビリティも含めた意味で使われている。

しかしクロシェ家は更に先を見ている。ある夜、サンパウロの街へ繰り出そうと思い立った時、私たちは、カフェで買った美味しい一杯のコーヒーや一袋の美味しいコーヒー豆に対して誰でも簡単に生産者にチップを寄付できる携帯アプリを開発したらどうかと思いついた。この前提として、もちろんどこでどの豆が栽培された、など透明性とトレーサビリティは必須条件だ。それらの情報をもとに、我々消費者が直接頑張っている生産者にちょっとした応援をして、生産者が選んだ、たとえばオーガニック栽培の道を続けられるようにできたらどうだろうか。二セントほどのチップはコーヒーパッケージの価格からすると微々たるものだ。しかし重労働をこなす生産者にとっては、自らの仕事が評価され、目から鱗が落ちるような体験となることだろう。

この考えはかなり魅力的だし、コーヒーだけでなく他の食品にもすぐ取り入れられるだろう。米や穀物の栽培者はほとんどの作業を自分達でこなしている。栽培方法は、サプライチェーンの中でも、最もカーボンフットプリントの大きい部分だ。多くの消費者が二、三セントのチップで影響を与えることができるなら、サステナビリティを支援したいと思っているだろう。そのご褒美として、消費者は非常に美味しい高品質で環境に良いコーヒーを今後も飲むことができるようになる。気候は皆の共通の話題だし、熱帯雨林は地球のために大部分の酸素を生み出してくれている。もし商品に対して今までよりも少し多めに支払うなら、食品を大切に扱い、廃棄物を減らし、結局払ったお金は前と全く変わらないということになるだろう。

二つの世界の透明性

ヘルシンキ・コーヒーフェスティバルで私たちはデンマーク人のレナート・クレルクスに会った。彼はコーヒーの生産者と焙煎をする人を結びつけることをライフワークに掲げている。彼の会社、ディス・サイド・アップは、モットーの通りに機能している。それはすなわち「直接取引を増やそう」ということだ。ディス・サイド・アップは、アフリカはルワンダ、タンザニアそして南米はコロンビア、そして東南アジアではタイといった国で生産者と直接取引をしている。レナートによると、特にアジア諸国で情報を求める生産者数は増えてきているというが、まずは順序を追って説明しよう。

すべては二〇〇八年に始まった。当時レナートはタンザニアで、コーヒー栽培が趣味だというデンマーク人の富豪のために働いていた。これがうまくいき、富豪は非常に質の高いコーヒーを生産し、生産者にも良い値段を払うことができた。そこで彼はレナートを雇い、マーケティングとこのやり方の宣伝を依頼し、直接取引がもっと広がるようにしてほしいと頼んだ。仕事をするうちにレナートはコーヒーのバリューチェーンについてより知識を深め、これまでやられていたような開発援助では機能しないと考えるようになった。

燃え盛る火災の消火活動に走り回るようなもので、常に後手に回っているからだ。それよりも問題の根源に取り組むほうが良いのではないか。たとえば発展途上国に開発援助で井戸を建設し、村人が飲み水を汲みに来れるようにする。ただ井戸をどのように使うか、どのように保守していくかを村人に教えるのも重要だ。でなければポンプが故障した時に誰も修理ができず、結局その部品を全部転売してしまい、井戸が干上がってしまうというリスクも十分にある。開発援助を長期にわたって活かす鍵は、教育と情報とその使い方だ。金だけでは間違った相手にいきわたることがあるし、発展途上国だけでなく、色々な国で腐敗は存在するからだ。

「もし取引段階すべてから一方だけが得をする、不公平な部分を除去できたら、商売はまともに戻るんだ。フェアじゃない。フェアトレードなんていう言葉すら使うのはおかしいと思う。あの富豪がコーヒーをブランドにできるなら、他の小規模のプレーヤーだってきっとうまくいくはずだ」とレナートは語る。

彼は、関わっているパートナーたちは、すべて彼と同じビジョンを共有しているという。自分の収入を確保するだけではない。一緒にやっている仲間たち全員の収入の確保だ。

「そういうやり方の方が皆も楽しいし、僕にとっては仕事とすら感じられないものだ。同じゴールを目指す仲間とボールを蹴っているような感じだよ。相手が焙煎をするロースター、生産者だろうと、輸出入サイドだろうと」

難しいのは多くの人の中から適任を探し出すことのようだ。

「もうオーガニックに取り組んでいる人たちはいる。正しい方向に向かいつつある人もいる。大切なのは考え方だ。人間を大事に考えているなら、化学薬品に触れるような農作業をさせようだなんて思わないだろうし、まっとうな報酬を支払おうとするだろう」とレナートは説明する。

アイディアはそこにある。製品が十分良いもので、生産者から直に焙煎所にコーヒーを捌く事ができれば、もうブランドは生まれたも同然だ。現状ではレナートの役割は両者を結びつけることだ。彼を輸入業者と呼ぶこともできるが、レナートが設立した会社の理念は焙煎所のかわりに物流を肩代わりし、小規模生産者がより色々な人の目に触れるようにすることだ。

「いまのところ、出荷した後のコーヒーがどうなるのかなんて、まだ知らない小規模生産者が多い」とクロシェ家や、他の直接取引を推進する人たちと同じことをレナートは言っている。生産者にはまず知識が不足していて、自分の農場の外で起こっている事への理解が絶対的に足りないのだ。

「出荷後の世界と、彼らを結びつけることで、生産者の収入が上がるだけでなく、彼らのモチベーションも向上するんだ。最終的に焙煎されたコーヒーを人が喜んで飲むのを見れば自分が育てたものを誇りにも思う。つまり見えない取引関係よりも、本当の仕事上の付き合いが生まれる」とレナートは説明する。

この話を聞いて私たちには疑問が生まれた。もし直接取引が成功し、生産者と焙煎所がやりとりをするようになればレナートはお役御免になるのではないか。レナート自身は物事を違う視点で見ていた。

「それをまさに目指しているんだ。そうしたら僕は引き下がれる。しかし僕が目指しているのは、小規模生産者たちへの複数の注文をとりまとめ、そうすることで物流コストが彼らにとってもより安く抑えられる事だ。この業界での問題は、もし十袋だけ豆が欲しい、と言う時に輸送コストが高くつく事なんだよ。でも百八十袋に注文をまとめられて、君が十袋だけ注文するならずっと安くつくだろう？　自分の利益だけ考えて取引をダメにするのではなく、彼らの取引がスムーズにいくよう自分の仕事を売り込むんだ。それが僕の会社の存在意義だと思っているよ」

レナートの担当する中間部分は、コーヒービジネスでは欠くことができない。マルコス・クロシェが近隣の生産者たちと形成するBob-o-Linkネットワークでも価格を決め、小規模生産者たちの収穫をとりまとめて取引をしている。というのも市場が値段を決めてくるため、生産者は往々にして収穫量をいかに増やすかということにばかり目がいってしまう。そうするとサステナビリティからは遠く離れてしまうのだ。

マルコスは、生産量の増大となると、まずある特定の種類の作物栽培に焦点が当てられ、その次にどれだけその種が病害に強いなど栽培しやすいかに注目されるという。

「ＩＡＣ、つまりニューカレドニア農業研究所は一九三二年からより実を結びやすい、病害に強い種子の研究開発を行っている。ブラジルの銀行は、ムンド・ノーボ種やカトゥアイ種を植える生産者のみを支援するんだ。なぜならこの二つがアラビカ種の中でも栽培しやすく害を受けにくいものだから、これらがもっともブラジルでよくお目にかかる豆となる」今ではブラジルのコーヒー生産者の九〇％がこれらを栽培している。コーヒーの価格は大豆、オイルや砂糖と同じく固定だから、生物多様性といったってこんな状況なわけだ」マルコスは生産量増大に偏った考え方をかなり心配しているようだ。

市場が価格を決める事は前に述べた。そうすると農作業、つまり人件費が低く抑えられなくては話にならない。効率が常時求められ、道具や人間からどれだけ金をかけずにまだ搾り取れるかという話になってくる。

「誰も将来のことを気にしないんだろうか？　死ぬのはまだ先の話だと思っているから、何がどうだって構わないという事なのか。土地に毒をまき散らして、食品を汚染している。一度、とある農場を訪問したことがあるんだ、そこで食べるものは自分で育てたものじゃない。スーパーから買ってくるんだよ。そんなところだから、飲み水は自分で持っていく羽目になった」マルクスは熱くなっている。

もちろん、こう言う話を聞いてくれる人々もいる。

コーヒーは昔から政治的なゲームでも利用されてきた。たとえばケニアで栽培されるコーヒーはいつも最高級のカテゴリーに入る。高地で育ち、味がクリアでエレガントだ。コーヒー業界の人間はケニア栽培種を高く評価し、高値をつけようとする。

ケニアのコーヒー栽培地の中でも特に評価が高いエリアがニエリ地区だ。そこで栽培されるコーヒーには高い値が付くため、自治体の知事がその一帯で栽培されるコーヒーの精製を一極集中させ、そこから各地に売るようにしようとした。競争を制限することで、コーヒーから得られる値段を最大限に上げようとしたのだ。しかしこのようなモデルは、小規模な西側諸国の焙煎所が考える自由な取引に反するものであり、ボイコット運動につながりかねない。このケースでは、地元政治家たちは良かれと思って生産者への利益還元を図ったのかもしれないが、逆効果になる可能性が大きい。では逆に大手の焙煎所はどうかというと、そうした企業はニエリ地区のコーヒーにはもともと高価すぎて見向きもしない。従って小規模焙煎所はこのような地域のコーヒー生産者にとってなくてはならない顧客集団ということになる。

一方、ブラジルの政治家については、特定の品種の栽培を優遇する点が批判されてきた。問題となっている種は確かに病害に強く結実もよくするのだが、味が単調だ。

直射日光に強く、強力な肥料にも耐えるものだから大規模栽培に向き、生物多様性が失われる原因ともなっている。

コーヒーの世界では汚職も良くある話だ。消費者である我々には、購買行動で与える影響とともに、大きな責任がある。トレーサビリティが確立されて生産者まで辿れるコーヒーを買う事で、汚職に対抗し、サステナビリティを支援することができる。これによって、生産者および作業従事者の報酬を保障し、自然の多様性の維持にも公益の一助ともなる。もしコーヒーパッケージ、または焙煎所のウェブサイトにそのコーヒーを栽培した農場、または生産者組合について詳細な説明があれば、追跡のレベルはかなり高いと言えるだろう。もちろん、生産者組合の活動も透明性が担保されていなくてはならないし、生産者の農場の労働環境などについても把握しているべきだ。要望があればそれらの状況をチェックし、情報をシェアしてくれるくらいの意気込みが欲しい。

ところでトレーサビリティというのは、多くのコーヒー生産国でなかなか難しいところもある。

南米の多くの国では、栽培された土地までは追うことができる。なぜなら、多くのコーヒーがごく小規模の家族経営の農場で栽培されているからだ。農場の名前もその一族の名がつけられている事が多く、特にスペシャルティコーヒーを生産している場所なら特に自分達の農場の名前を一種のブランドとして価値を高めたいと考えている。別の国では土地の個人所有が珍しいということや、貿易の規制条件のために輸出が制限を受ける。そうすると、生産者まで追跡していくことは難しい。

前述の点については、レナート・クレルクスも認めている。私たちがコーヒー業界の大企業が生産者の追跡は不可能に近いと主張している事について質問した時のことだ。彼はまた地域差についても言及している。

「コロンビアでは一つの農場とだけ一緒に仕事をしているんだ。だから誰がコーヒーに触ったかまで分かる。しかしルアンダの場合、一つの精製所で二〇〇カ所の生産者の収穫物を扱うし、一つの農場から麻袋二つ分しかなかったりする。その二袋の為に精製所を開けておくわけにいかない。従って、精製所からさかのぼってどこのコーヒーかを追うのは難しい」

レナートは、農場までトレースするのは無駄だともいう。彼はコラボレーションが皆の利益につながるとし、それによってエリア全体の質の向上へつなげる考えだ。

「次に手ごわいのは、適正な精製所を見つけることだ。生産者を利用し搾取しようとするところではなく、生産者たちが自主運営し、コミュニティのためにまわしているところがいい」とレナートは見ている。

大手のコーヒーハウスの視点については、世界規模でもかなりの量の生豆を買い付けるフィンランドのパウリグ社（Paulig）から得ることができる。パウリグ社の広報部長アニタ・ラクセンは、この会社がパートナーネットワークを利用しているという。それにより生産国での小規模で高品質の豆をできるだけ集めることができるという。

「パートナーネットワークは生産者と大切なコラボレーションをしています。彼らは生産者を助け、国際市場に収穫した豆を出せるようにしていますし、私たちが各地で実施している開発プロジェクトでも生産者を支援する役割を担っています」とラクセンは電子メールで回答をくれた。彼女は、パウリグ社が倫理的なサプライチェーンとサステナブルな栽培にも注意を払っていると強調する。

「私達は認証を受けている、また、認証を受けてなくても研修を受けた責任ある栽培農場まではトレースすることができます。二〇一七年末のデータでは、弊社で買い付ける豆の七〇%がそれらの農場からとなっていて、二〇一八年以降は一〇〇%を目指していきます」

一〇〇%というのは誰にとってもかなり高い目標値だが、特にパウリグ社のような大企業にとっては尚更だ。これを聞くにつけても、小さなところだけでなくコーヒー業界でも大手が世界の変化に気付き、情報を吟味した倫理的な消費、消費者行動による結果を意識しているのだと気づかされる。ただ、責任ある行動や認証といってもそれぞれが自分で名乗ってしまえばいいことだし、または認証におんぶにだっこと言う事もあり得る。また一分野の認証だけではその他の部分で責任がちゃんと果たされているかと言うと疑わしいのは前に述べた通りだ。たとえコーヒーが認証を受けていたとしても、そのコーヒーがサステナブルに栽培されているか、すべての分野を網羅しているかは保証はない。

フィンウォッチ（Finwatch）という消費者団体が二〇一六年一〇月に出したレポートによれば、様々な認証も、責任あるビジネス活動関連のプロジェクトも、作業従事者の労働衛生環境問題については配慮されていなかったという。この報告書ではフィンランドの大手のコーヒー関連企業も批判対象となっている。同時にデンマークの消費者団体ダンウォッチ（Dan Watch）は多国籍企業ネスレに対してもオランダのジェイコブス・ドゥーエ・エグバーツ社に対しても痛烈な批判を浴びせている。

調査旅行の結果、私たちは品質の持つ力と、スペシャルティコーヒーに特化する生産者たち、サードウェーブコーヒー業界の人達を信ずる。品質と透明性が、認証制度より包括的で倫理的かつ環境にも良いと考える。大手コーヒー産業の考えが、できるだけ多く市場に安いコーヒーを流通させる事である限り、我々は搾取や悪徳商法などのニュースを目にし続ける事だろう。

ではどうすれば、大企業を、中小の生産者たちとともにビジネスモデル変革に巻き込めるのだろうか。たとえばサステナビリティに本気で取り組み、パートナー企業のスタッフの名簿、帳簿から平均給与、使用した化学肥料やそれらへの投資内容といったものを要求することもできる。

認証に頼りすぎるのは、結局はマーケティングや宣伝代わりなのではないかという疑いも頭をもたげてくる。たとえば、オーガニック認証はかなり重要なセールスポイントとなってきたが、企業内では本当に全体像を見よう、長期的視点でとらえようという考え方はあるのだろうか。大手焙煎所はどちらにしてもできる限り安く（認証を受けた）原料を買おうとし、これによって市場価格を低く抑え、安さの代わりに良いものを提供するサードウェーブのプレーヤーとの競争に勝とうとしているだろうか？　マーケティング、またはその他の予算は認証用とその宣伝に使われることが多い。その代わりに、コーヒーのkg当たり価格を二、三ユーロ上げれば、生産、栽培の倫理的かつエコロジカルな場面にもっと簡単に介入できないだろうか？　そして同時に品質もあがるのではないだろうか。

認証は金を出せば買えない事はない。それにどの認証にしてもサステナビリティに必要な視点をすべて網羅している訳ではない。また認証同士競合していることもある。これは、レインフォレスト・アライアンスとUTZの合併にも表れている。この合併の動機は、両者の視点を広げることにあるだろうが、それでも私たちが提案したトータル・クオリティのコンセプトにはまだ及ばないと考える。

このテーマは非常に繊細な内容だ。私たちがトレーサビリティと企業責任についてパウリグに加え数社の大企業、たとえばスターバックス、ラヴァッツァ、ネスプレッソといったところに提案したところ、回答はほとんど得られなかった。スターバックスからは連絡は来た。というよりは、この本がどんなものなのかもっと背景を教えてくれという質問だったが、私たちがその情報を提供した後には何の音沙汰も無かった。回答がないからといって、これらの企業が何かを隠しているという事には直結しないが、情報公開性は、トレーサビリティの話をするときに中心となるポイントではある。

トレーサビリティと物流全体のチェーンの透明性の維持は当然コストが生じるが、その費用をカバーするにはコーヒーパッケージの値段を高く設定するしか他に方法がない。このために、品質の高いコーヒーのみ透明性を維持して栽培しようとする方が経済的にも理にかなうだろう。質の悪いコーヒーでトレーサビリティをつけても価格競争で耐えられると思えないからだ。消費者の購買時の「良心の痛み」で数回買ってもらうだけでは継続性がない。高品質で味が良いからその商品を買うのなら長く続く行動でありサステナブルな消費行動となるだろう。

コーヒーの分野はこれまでも倫理的な点、環境への配慮の点で話題となっているが、多くの大手コーヒー関連企業が発展途上国の搾取で批判を浴びてきた。そこでサードウェーブの小規模焙煎所たちが立ち上がり、より高品質の豆へとシフトし、彼らこそがトレーサビリティとサステナビリティをうまくマーケティングとビジネスで活用する存在となっている。こうすることで、知識と情報を持ち、自分で考える消費者への訴求力を高めている

SNSがビジネスでの透明性の要求を可能にしたとしている。

高品質のコーヒーを買う事は消費者の立場からすれば時にハードルが高い。スーパーでは、安くて大量生産されたコーヒーがあふれ返っており、それらの違いは焙煎の度合いぐらいのものだから、新鮮で良いコーヒーはそんなに簡単に手に入らない。逆に、焙煎の度合いだけをアピールするようなら、焙煎所は品質、味または生豆のトレーサビリティに全く注意を払っていないという証拠だ。たとえばコーヒー本来の味を隠してしまうダークローストは、消費者の注意を豆本来の質から逸らす目的があるかも知れない。賞味期限が一二ヵ月から二四ヵ月後であれば、間違っても良い豆であるとは言えないだろう。包装にもよるがコーヒーのアロマは焙煎から二〜六ヵ月まで保存できる。どんなコーヒーだろうと一年も香りが保たれる事は無い。勿論一年経ったコーヒーを飲めないことはないが、焙煎から二ヵ月も経てば味が落ちてくる。値段と質が常にセットであれば、良いコーヒーの値段はそれなりのものであるはずだ。"*The World Atlas of Coffee*"では、シンプルにこうまとめている。「もし五〇〇gのコーヒーが四ユーロかそれ以下の値段であれば、質の良いコーヒーではないだろう」

小さな専門店の方がしばしば親身なサービスが受けられ、詳しい事を教えてもらえるものだし、味見をさせてくれることもある。質にこだわる小規模の焙煎所では、こうしたサービスがしっかり提供できない大きなチェーン店に商品を卸さない場合もある。また、消費者がスーパーマーケットから高い商品を買う事に慣れていないという事もあるだろう。そうすると大手スーパーに卸したものが売れない事になり、コーヒーの鮮度がどんどん落ちる。スーパーでコーヒーは客寄せの安売り商品として使われることが多いから、消費者はコーヒーの値段と質についてその差に混乱しかねない。専門店では商品の鮮度に特に注意を払うし、値段もそれに見合った、つまり理にかなったものがつけられる。

コーヒーは、世界中の食品生産の現在、そして将来の自然資源不足に関する議論の氷山の一角に過ぎないが、一方で分かりやすい例でもある。なぜならカカオ豆、穀物、果物や精肉などがコーヒーと同じく食品の生産方法やそれらの倫理性と生産、加工方法が人間、生物、自然へもたらす影響といった面で議論できるカテゴリーだからだ。

我々消費者が、品質と倫理的な面と環境面を無視して安さを要求する限り、需要があるから大規模生産は続くだろう。世界には金持ちもいれば貧乏人もいる。従って常に社会の中でも価値観も、生活の必要性も、要求するものも異なってくるということもできる。しかし環境意識が高くなれば、フードロスは減る。そうすると使うお金は余り、より良いものを買う余裕が生まれる。食品に関する研究が進めば、食品が身体的及び精神的な健康に与える影響の情報も増えるだろう。この好例が世界中で広がるベジタリアンのトレンドだろう。

コーヒーについていえば、まだ次々と新しい困難が立ちふさがる。というのもその他の食品消費が落ち着く一方で、コーヒーの消費量はどんどん増えているからだ。伝統的にお茶文化だったロシア、中国、日本やインドといった国々でもコーヒーがより多く飲まれるようになってきた。従って、以前に増して、コーヒーの需要は将来にわたって保障されていることになる。非営利団体ワールド・コーヒー・リサーチによると需要は年間二〜三％の割合で増えている。二〇一六年コーヒーの世界生産量は一億五千万袋分で、一袋は六〇kgだ。

消費量の増加は、生産量とは正比例しない。というのも、現在の予測では栽培面積の点で見通しが暗いからだ。ワールド・コーヒー・リサーチは二〇一五年に研究者グループのレポートを公開している。その中で、理論上は地球上の三二〇〇万ヘクタールの土地が気候の上でも、土壌と気温の上でもアラビカ種のコーヒー栽培に向いていることになる。しかし二〇一六年の段階でその三分の一に当たる一一〇〇万ヘクタールしか使われていない。上の論でいくと、残りの二二〇〇万ヘクタールにもアラビカ豆のコーヒー栽培を拡張できるはずだ。継続して需要増が見込まれるので、栽培面積の拡張は実際必要になる。同じ組織の研究資料によると、二〇五〇年には、もともと物理的に向いているとされる面積の半分、つまり一六〇〇万ヘクタールしかデリケートなアラビカ豆栽培に適した場所は無いとされる。苦労するのは、ブラジルでクロシェ家が居住するミナスゼライス州や暑くて乾燥した地域だろう。またインドやニカラグアの特定地域も当てはまる。これらの地域で現在アラビカ豆の殆どの栽培を行っているが、二〇五〇年までにこれらの地域の八〇％でコーヒー豆の栽培が出来なくなるという調査結果が出ている。これらの地域への依存度はかなり高いから、世界でのアラビカコーヒー豆の供給に深刻な影響が出るという事だ。

予測では、気候変動の影響がそこまで顕著に見られないのはコロンビア、エチオピア、ケニアとインドネシアだという。というのも気温がもともと低く安定しているからだ。しかしそれらの地域からもアラビカコーヒー豆を栽培するエリアが三分の一は消えると言われている。ＣＩＡＴ（国際熱帯農業センター）の研究者クリスチャン・バンは「コーヒーの需要がどんどん増えるので将来的にはより多くの作地面積が必要とされるが、栽培可能な作地自体が減少する」と言っている。

温暖化と、目の前の利益の最大化しか見ていない、大量の肥料と殺虫剤を撒く農作物栽培方法、これが面積減少の原因だ。温暖化が進むとコーヒーの栽培を今までよりも高地で行わなくてはならない。海抜が高くなるほど、山に行くので作地面積は小さくなる。生産者は栽培条件が厳しくなる中、他の方法を考え出さなくてはならない。しかし山を登るにしても頂上で行き止まりだ。こうしたことすべてが価格に影響する。そして最後には安く買えるものだと思っていたコーヒーは、二〇八〇年には特別な時にしか楽しめない贅沢品となるだろう。

コーヒーの木についてももっと研究をすべきではないだろうか。環境の変化に敏感なこの植物は、気候変動の自然や生態系への影響についてより多くの事を我々に教えてくれる。フェリペ・クロシェが教えてくれたなかに、コーヒー栽培の品種改良プロジェクトの少なさがあった。彼によると、現在コーヒーは六〇種ほどしか知られておらず、一方スイカの品種改良では数百種類の改良が行われているというのは驚きだった。やっかみだが、そこまでスイカが必要なのだろうか？

研究者たちは異なる品種を交配させて温暖化、干ばつ、病害に強い種を開発しようとしているが、すでにタイムリミットが迫ってきた。


レナート・クレルクスと会った時、気候変動ほど語られていないが、クロシェ家も心配していたコーヒー栽培の将来について語った。

「コーヒー栽培の一番難しい点は、次世代に培ったものを伝えていくことだ。生産者の子どもたちは大きな町に出て行ってしまう。なぜなら、世界の多くの国でコーヒーの生産者イコール貧困で社会の底辺で暮らすことを意味するからだ。現代の若者たちには親の世代よりも選択肢が多い。以前より情報も入るようになって彼らにも世界が開けている。だから近隣の大きな町に出ていき、サービス業で生計を立てようとする。親として、生産者たちも子どもにはもっといい暮らしをさせてやりたいと願う」レナートは語るが、彼はこの状況を何とか変えて、コーヒー革命を実現させたいという願いがある。

「今、一緒に仕事をしている若い世代に、良いコーヒーをスペシャルティコーヒー市場向けに育てればちゃんと稼げると証明したいんだ。ただ、生産者たちは僕やほかの中間業者に頼り切るのではなく、自分の足で顧客を探す。既に自分達が栽培するコーヒーがすごく良いものだと知っているのだから、それに見合った価格を付けられる」

レナートはコーヒー栽培国としてのイメージの無いタイでの例を挙げた。隣国のベトナムが少なくとも生産量の点ではブラジルの次に来るのに対し、タイはほとんど知られていない。

「タイには三〇代前半の若者たちが運営している農場があるんだ。彼らは以前海外に住んでいたのでスペシャルティコーヒーの価値を良く知っている。これまで何年間もサンプルを送ってくれていたんだけど、突然彼らのコーヒーが良くなった。八五ポイント獲得できるレベルだ。世界一じゃないけれど、とても良い豆だ。彼らは複数の商品化、ブランディングをして、直接スペシャルティコーヒー業界に乗り込みたいと考えている。彼らは将来のコーヒー生産者のモデルだよ、自分たちから直接取引を申し込んでくるようなね」

レナートは意気込んで言う。

私たちは、これまで取材をしてきた相手とほぼ考えを同じくしている。つまり直接取引が将来のコーヒーの在り方で皆が勝ち組になれるというものだ。レナート・クレルクスのいうタイの生産者のようにコーヒーを育て、それをブランド化し、直にスペシャルティコーヒー市場に売り込むという事だ。クロシェ家の人達も同様にブラジルで平たんではない道を歩んできた。フェリペは笑いながらすべてがめちゃくちゃになった思い出話をしてくれた。

二〇〇九年でＦＡＦ農場では、コーヒー業界の頂点から誰かパートナーとしてみつからないか懸命に探していた。マルコスはノルウェーのコーヒー業界人ティム・ヴェンデルボーに電話と電子メールで一ヵ月の間毎日のように連絡していた。彼はブラジルで他の場所を訪問していたが、それを切り上げてマルコス達の所へ来ることをやっと承知したのだった。

「彼にとっては、『このしつこく電話をしてくるやつがどんなものを作っているのか見てやるか』ぐらいのものだったんだと思うよ」フェリペは笑いながら言う。

しかし状況は困った事になった。ヴェンデルボーの到着の知らせは直前だったので、クロシェ家は数週間前にすでにその年の収穫をすべて他に売ると約束してしまったのだった。つまり売れるものは何もない。

「父は、一番良いコーヒーを淹れてやれ、というからそうしたんだ。ヴェンデルボーは特にブラジルコーヒー好きではなかった。彼に淹れたのは九三点をたたき出したコーヒーで、その横に古い焙煎器とグラインダー、そして二一歳の若造の僕がウロウロしていた訳さ」フェリペはカッピングの状況を説明した。

ヴェンデルボーは愕然とした。指をパチンとならして今季の収穫量を全部買い取ると申し出た。そこでマルコスは、収穫分は全部売れてしまったことを告げた。

「ヴェンデルボーは怒り狂ったよ。『なんだって？　一ヵ月の間、毎日電話をしてきて、ここに来いというから来てみたらこのざまだ！　売り物が何もないとはどうなってるんだ！』と興奮して言うのさ。そして、少し落ち着いてから次の収穫はいつだ、と聞くので八月だ、と答えたよ。彼は八月の最後の週に必ずやって来ること、誰よりも先に買い取ると約束したよ。それ以降は、彼は毎年来てくれている」

このエピソードが教えてくれるのは、もし何かを達成したいのならば、あきらめず面子を失ってでもやり遂げる覚悟が必要だということだ。自分がやっていること、この場合コーヒー栽培に揺るがぬ自信と信念を持って行動すれば、状況は必ず変えられるのだと。

コーヒーカウボーイ、町へ戻る

ここまで証明してきたようにクロシェ家の率いるＦＡＦ農場は多くの点でユニークかつ

模範的なコーヒー農園であるし、そう考えているのは私たちだけではない。仕事で世界各地のコーヒー農園を見てきたラルス・ピレングリムはスウェーデンの焙煎所ヨハン＆ニューストロムに生豆を買い付ける仕事をしている。彼は一緒にＦＡＦ農場の庭に座って会話していた時にこの農園が特別なのは、クロシェ家のメンバーが近隣の生産者にも学んだことを惜しげなく提供し、オーガニックへ転換しよう、サステナブルなコーヒー栽培をしようと呼びかけ、その努力を続けているからだという。

自分が得た知識を近所にも分け与えるのは一つのステップだが、その前に貴重な知見は自ら額に汗して得なくてはならない。フェリペ・クロシェはそのいい例だ。彼は苦労して農場でコーヒーのために働いた。その道は決して楽ではなかったはずだ。フェリペは笑いながら当時を振り返るけれども、困難が多かったに違いない。山岳地帯の家族経営の農場は、アメリカのコンクリートジャングルで育った若者にとって大きなカルチャーショックであったことは疑いもない。しかし皆が一つのゴールに向かった時、お互いへの理解も生まれた。

「ここに来た時は、彼らがそれまで見た中で僕が一番よそものだったね」フェリペは笑った後、一転真剣な顔になる。

「そりゃ最初はきつかったよ。身近には一緒に毎日働く人たちはいる。けれど友人は一人もいなかった。何年も農作業をして、ブラジル中を旅して農場が認知されるようになってきたころ、やっとまわりが近寄ってきてくれるようになった。僕みたいな若手でやる気にあふれて広い視点を持っている生産者にも多く会った。そういう人達とは友人のような付き合いも徐々に生まれたよ」

フェリペが二〇一三年に近隣の農場を廻り始めたとき、多くの農場は非常にみすぼらしい状態だった。土間のままの小屋、汚れた家、鶏が周囲を飛び回り、すべてを経験し諦めに満ちた農家の人達。そこへ突然アメリカからやってきた若者が「もっと頑張ろう、一緒に最高のコーヒーを作ろう」と言い出す。彼らのフェリペに対する反応は推して知るべしだろう。

同じ年に、間接的に知人だったクレイトン・バホッサ・モンテイロがサンパウロのフェリペのスタジオへ到着した。このスタジオはフェリペが色々実験するためのスペースだ。クレイトンはここに彼が焙煎したコーヒーを持ってきたのだった。以前会った時のクレイトンのコーヒーはフェリペには納得のいかないものだったが、今回は彼らは一緒に豆を挽き、味わってみた。素晴らしいコーヒーだった。クレイトンはやるべき事をやってのけたのだ。文字通り、コーヒーを飲みながら友情が生まれた。

「クレイトンは二〇歳のサーファーだった時に農場を受け継いで今は四〇代だ。きっかけは、彼の伯父がコーヒー生産者の仕事がいかに楽かと力説したんだよ。半年仕事をして、残り半年は休暇だってね。農場を引き受けてみて、その残りの半年の休暇を取れた事は一度もないとクレイトンは言ってるよ」フェリペはにやりと笑った。

この二人の背景はよく似ている。両方とも若くして都会から田舎に移り住んだ。そこから一番近い町でも三〇㎞は離れていて、道路事情も車が運転しやすいとはとても言えない。

「最初の頃は、娯楽と言えば馬に乗って近くの町に行って、酒を飲んで一日中ビリヤードをすることくらいだった。そしてまた馬の背に乗って帰るんだ。クレイトンは全く同じ経験をしているんだよ。ここはカウボーイの国だ。ある時、かなり酔っぱらって馬に乗りながら帰る時思ったんだ。農場から出なくては息がつまると。それでサンパウロのスタジオを作ったんだよ」

フェリペは、何も知らなかったアメリカ帰りの傲慢な若者から、長い道のりを経て誰もが認めるコーヒー界の人物となった。彼の意見は尊重され、書いたものは世界中で読まれる。ラボとして機能しているスタジオのお陰で、彼は自分のコーヒーに関する知識も深めていった。スタジオはフェリペと仲間たちにとって商品開発の中心となる場所でもあったし、焙煎やカッピングで遊び心を発揮できる場でもあった。この場所はフェリペが学生時代に初めてコーヒーの世界に触れた、セントルイスのカルディのコーヒーをも彷彿とさせる。あごひげをたっぷりはやしたタトゥーだらけの若者たちが何杯も医者が勧める以上の量のコーヒーを毎日ティスティングしているのだ。

私たちの訪問時には、スタジオはフェリペの祖父が建てた、サンパウロの住宅街にある機能主義的な石造りの建物にあり、そばには緑豊かな公園があった。ぱっと見は中流階級の快適な住宅地のように見えたが、フェリペがスタジオを開く前に賃貸で出していた時は、間借り人たちは何度も武器を持った泥棒の被害にあったらしい。従ってフェリペも自分の犬と妹のリタの大型犬を滞在中は庭に放し、犯罪者が近寄らないようにしている。もっともこの番犬たちは私たちフィンランドからの来訪者にはしっぽを振って湿った鼻づらを押し付けて迎えてくれたのだが。この建物のアトリウム庭園には二種類ほどアラビカ豆の亜種が栽培されている。その壁の後ろに、フェリペの自宅と、焙煎所に加えオフィスがある。ここで農場の会計や事務処理を行っているのだ。

二〇一八年の早春、この本の最後の仕上げをしているとき、フェリペから電話がかかってきた。サンパウロでオフィスや焙煎所、スタジオ、とごっそり引っ越せる完ぺきな場所を見つけたと興奮していた。

「やっと自分の場所ができる！　そこで集中してやりたいことに取り組むんだ」と熱くフェリペは語る。もっと場所が広いし、カフェもそこでできそうだ。そこでバリスタがホットもコールドも色々なドリンクを作って客に出せる。お茶ベースのカクテルや軽食も出せる」

インテリアには、ＦＡＦ農場を彷彿とさせる小物を持ち込む予定だった。農場の物語を語りつぐためだ。フェリペは祖父の時代のコーヒー精製所の木製の道具などを保管していた。これらの古道具は、フェリペの新しい活動拠点にて、あらたな命を吹き込まれる。焙煎所とカフェに加え、ラボ用スペースも必要だ。そこで輸出用の豆のカッピングを実施するし、そこで様々な研修もできる。厨房の上にはＦＡＦ農場のオフィスを考えているという。

進化はフェリペが大都市の喧騒にスタジオとともに戻った事で終わる訳ではなかった。二〇一五年に彼はスペシャルティコーヒーに特化したイッソ・エ・カフェをサンパウロ中心部にオープンした。二年後には、観光客が集まり、街角にグラフィティであふれるバットマン横丁エリアにもう一軒のカフェを開店した。壁面一杯に描かれたカラフルな落書きは世界各地から人を呼び寄せる。訪問中に、二時間前にセルフィーを撮った場所でローリングストーンズのボーカル、ミック・ジャガーが写真をインスタグラムに掲載していたのには驚いた。

その後、フェリペはカフェを二店とも手放すことになった。バットマン横丁のカフェは新たなオーナーのもと、スペシャルティコーヒー文化の紹介を続けている。フェリペはすべてのエネルギーをオフィスとその横に新たに三度目の転生を遂げるイッソ・エ・カフェに注ぎ込むことになった。

サードウェーブのカフェをサンパウロに開店するのはかなりの経済リスクを負うものだったし、これまで誰もやっていないことだった。世界最大のコーヒー生産国の人々は、質の良いコーヒーはすべて輸出に回されてきた背景から、美味しいコーヒーを飲むこと自体になれていなかったからだ。同時に良いコーヒーに対して、イッソ・エ・カフェで決められているようなきちんとした高い価格を払うという事にもブラジルの人は慣れていなかった。

しかしフェリペはアメリカとヨーロッパで長い時間を過ごしていたから、コーヒー業界がどんなコンセプトで成功するかという考えがしっかり出来上がっていた。一方サンパウロは多文化が混在し、じっくり腰を据えて、良いコーヒーを広めようと取り組む覚悟がある者には興味深い、大きな可能性を秘めた場所だ。ここには日本の国外で最も大きい日本人関係のコミュニティがあり、レストラン関係も同様だ。イタリア人コミュニティもかなり大きいからコーヒーの消費に寄与するだろう。更にそこに新たな流行やトレンドにオープンな、かなり大人数のＬＧＢＴのコミュニティもサンパウロに存在する。彼らはトレンドセッターとしてもとても重要なグループだ。

結局は多くの人の心をいかにつかめるかが鍵となる。イッソ・エ・カフェの持つ影響力については、韓国では既にカフェのロゴまでそっくりなものが登場しているという。アクセント記号のみ間違ったところに打たれているようだが。この件は私たちがフェリペを訪問中に判明した。彼の友人がインスタグラムで見たことがあるロゴを見つけ、そのリンクをフェリペに送ったのだ。真似をされるということは既にブランドとしての力もステイタスも確立したということでそれ自体は素晴らしい。しかし真似をする方にはオリジナリティで勝負してほしいところではある。

私たちは、ブラジルのコーヒーの評判について議論していた。長い間量産を一番の目的に据えてきたために、品質が落ち、残念ながらブラジルといえば美味しいコーヒーとは思われていない。それでもブラジルのコーヒーは世界中で知られているし、エチオピアとケニアよりもブラジルをコーヒーの母国だと思っている人も多い。フェリペはこれまで何度もコーヒー業界の重鎮といわれる有名人がブラジルコーヒーに対して見向きもしなかったことで悔しい思いをしてきた。たとえ世界中の人達がブラジルの国旗の色をベースにしたモカを楽しんでいたとしてもだ。しかしフェリペが関わってきたこの十年で状況はかなり変わってきている。

「振り返ると、スペシャルティコーヒーに投資するなんてかなりの冒険だった。当時はだれも買おうとしなかったのだから。自分自身、当時は良いコーヒーはアフリカのものを、安いものはブラジルから買おうと考えていたくらいだ。でも皆のブラジルコーヒーに対するイメージも変わってきた。たとえばスウェーデンの焙煎所のヨハン・エックフェルトやノルウェーのティム・ヴェンデルボーはうちからコーヒー豆を買い取り、宣伝をしてくれるようになった。スペシャルティコーヒーの業界はまだ若いから、こうしたインフルエンサーの言葉は絶対だ。彼らが良いコーヒーだと言えばすぐに広まる。ブラジルの美味しいコーヒーについて噂が広がれば、色んな人の偏見も打ち砕く事ができる」こうフェリペは考えている。

しかしフェリペはブラジルの膨大なコーヒー生産量のうち、カッピングのチャンスに恵まれるような良い豆はまだごく少量である事も認める。こうした非常に良い豆が、大量に流通する、売上ランキングの上位に来るようなブレンドコーヒー用に、効かせ味の豆として混ぜられるのだ。そうすることで質の低い豆から成るブレンドコーヒーの味がつまらないものにならないようにしているのが現実だ。

クロシェ家にとっては、美味しいオーガニックコーヒーのメッセージを、何よりもまずブラジルのコーヒー生産者の間に広めるのが重要だと考えている。世界一の生産量を誇るブラジルは効率重視に陥ってしまい、土壌を不毛にし、気候変動を加速化させもうすぐ何も育たないような土地にしてしまった。生産者たちにこそ、オーガニックと高品質のコーヒーこそが今後も小規模の生産者にも収入を確保してくれる道だと説かなくてはならない。

イッソ・エ・カフェは、ブラジルの人達に美味しいコーヒーとは何かを伝える絶好の場所だ。なぜならそこでは一切の妥協を許さず、美味しいコーヒーのみを提供しているからだ。そうしたコーヒーを飲むと味覚が歓喜し、コーヒーの違いが歴然とわかる。私たちもその二か所のカフェを訪れ同じように感じた。カフェはヨーロッパでも見かけるような洒落ちた場所でスタッフはしっかりとした知識をベースにスムーズに接客してくれる。ＦＡＦ農場のコーヒーをスタジオで焙煎し、フェリペのイッソ・エ・カフェで提供するという循環が出来上がっている。

一つの農場がコーヒーの栽培からカップ一杯のコーヒーとなり消費されるまでのすべてに関わる事は非常に稀なケースだが、同様にクロシェ家のコーヒーに関する各段階のノウハウの蓄積自体もただものではない。フェリペ自身も、家族のそれぞれがコーヒーの各分野を担当し、それぞれが得意分野を深めていることをよく理解している。

「母は常にどうやったら環境により優しいかを勉強し続けているし、父は骨の髄から商売人だ。弟はお金の出入りを担当しているから、こうして身内で輸出企業をうまく経営する事が出来ている。家族企業だから給与を支払う必要もないしね」と冗談も忘れない。しかしすぐ真面目な顔に戻った。「もともと家族それぞれの得意分野がなかったら、今この形にはなっていないだろうと思うよ。最初の四年間は誰にも給与を出せるような状態ではなかったんだ。このために多くの生産者はうちのモデルそのままは取り入れられないだろう。身内にこうした知識を備えたメンバーが揃っていないからね」

こうして忍耐強く取り組んできたことが実を結んでいる訳だが、フェリペには、農場のユーカリの木陰でパティオに足を投げ出して休もうなどという考えは微塵もない。

「父は高みに登ればのぼる程、見える景色が変わってくるとよく言っている。頂上に到達したい。ワイン生産者は自分で作ったワインを自分で味わうだろう。コーヒー生産の現場では、栽培したコーヒーを味わうことができる者はまだまだ少ない」

「豆の遺伝情報を考えているんだ。この豆はエスプレッソに。こちらはコールドブリューに。学びには時間がかかる。だけれど、もう少しすれば、どこかの農園を訪ねて『自分の育てるコーヒーがどんな味のものであってほしいか』を聞く。そしてその要望に沿うよう彼らを手伝う。ある種はこういう味がする。もう一つはまた違った味わいが特徴だ。一方はこちらの土壌の方が育ちやすい。もう少し端の地形が合う種もある。僕は同業者の、土壌の回復や、経営、精製の点を支援できる。生豆の菌を調べて味への影響があるかを見る。精製でなにか追加できるか研究する。たとえば、ケニアの品種から始めて、特定の精製方法を試みてどんなコーヒーが出来上がるだろう？　これまでコーヒーは『多分こうだろう』という憶測で栽培されてきたから試行錯誤の余地は大きいはずだ。あともっと大切なことが一つ。自然相手だから、雨が降るときもあれば、干上がる事もあるというわけだ」

フェリペと隣の農家のジョアン・ハミウトンの二人は良いパートナーとなっている。ジョアンは世界一のコーヒーを作りたいと考えているだけでなく、フェリペと一緒に普通考えつかないような試みにも良い豆を作る為なら喜んで関わる。彼らが教えてくれた一つの思いつきは私たちの滞在中に、ハミウトンの農場からクロシェ家の方へ夜遅く戻ろうという時だった。周囲にはうっそうと密林が生い茂っていて車のライトで照らしても真っ暗でそれ程遠くまで見えない。フェリペとジョアンが突然車から飛び降り、ライトに照らされた道端に育つコーヒーの木になるチェリーを調べ始めた。私たち、コーヒー・ツーリズムの客たちは真っ暗な中荷台に取り残され彼らが何をしているのかを凝視していた。猿が落としたコーヒーチェリーでも育ったのだろうか？

フェリペが目指す所は、生産者が何をどこに植えているかを的確に把握し、すべてのカップに注がれるコーヒーが美味しく淹れられているという事だ。焙煎所とのやりとりもスムーズに進行し、中間でも同じようにきちんと機能し次に受け渡せるようでなくてはならない。

将来の計画はアメリカの方向をも向いている。フェリペは北米に拠点を開設し、そこから販売と顧客へのコミュニケーションをよりスムーズにしたいと考えているのだ。

「個人的なわがままも入っているかな。僕はブラジルとアメリカ両方をバックグラウンドに持つ人間だ。だから両方の文化を体験したいと思っているし、一つだけを選ぶことはできないんだ。一か所に長期間住むことはできるけれど、もう一か所に拠点があれば行き来しやすいだろう？　一か所だけに縛られるというのは嫌なんだ」と自分の考えを聞かせてくれた。

そういえば、ブラジルとアメリカの間を渡るコメクイドリから、この物語は始まっている。

選択の余地はない

コーヒーは将来、直接または間接的により多くの人間の生活にも関わってくる。地球の反対側で起こっていることだからと見て見ぬふりはもうできない。温暖化が引き起こす膨大な難民の流れは恐怖のシナリオだし、自分たちは無関係とはもう言えない。西側諸国は、地球上で消費される農産物、そして食品や飲料に関して大きな責任を負っている。新たなトレンドを生み出すことに関しても、技術の発展にも、サステナブルな開発の先駆者としても同じことだ。いま世界では、紛争から逃げ惑う難民の心配をしているが、食糧と水がなくなったとき、どれほどの人間が飢餓を逃れようと大移動を始めるだろうか。その兆候はすでに表れている。

コーヒーの消費量はうなぎのぼりで作地面積はどんどん高地へと移行し、小さくなっている。世界の終焉として、干からびた農園と何も育たない死の土地が描かれる。同時に異常気象で、豪雨が作物を水浸しにし、コーヒーチェリーは立ち腐れてしまう。それでなくても病害に弱いアラビカ種の栽培地域で収穫が減り、作地面積がどんどん減り、生産者は育てやすいロブスタ種を選ばざるを得ず、温暖化はさび病のような病害をどんどん増やしていく。温暖化が進行すると害虫の繁殖も一気に増える。ロブスタ種はアラビカに比べ、こうした害虫への耐性もある。

殺虫剤ラウンドアップの影響は、不治の病として何年もそれに触れ続けてきた人たちに表れている。貧困にあえぐ生産者の子孫たちは大きな町へ流出し、後継ぎのいない農園が途絶えていく。

栽培自体については、コーヒーは高地の気候に馴染む植物だ。平均気温が上がると高地の栽培植物はもっと高い所で育てなくてはならなくなるが、それにも限界がある。ブラジルの作物栽培地として使われる高原についてはすでにかなり高地に移行していて、もう上には行けない程だ。

カリフォルニア大学の研究者、エリザベス・フランクはメキシコのコーヒー生産者をインタビューしている。彼らはすでに、母なる自然の気まぐれであるところの災害にかなり悩まされている。彼ら一世代の間に、雨が優しい小雨からうなりを上げる豪雨へと変遷した。その湿気のために実をつけたコーヒーの木が、葉を、そして実を熟す前にぼとぼと落としてしまう。一方で気温は、寒気が訪れるのを遅らせ、木に残ったコーヒーの実をからからに干からびさせる高温が常態化している。コーヒーの木の開花は四八時間だ。この二日間の間に劇的に天気が変化すれば、収穫すべてが危険にさらされる。

前に述べた自然現象はまだ緩やかなものに過ぎない。ハリケーンの被害とそのニュース映像を目にする機会は世界中で着実に増えている。そして土石流に埋まってしまうコーヒー農園は大災害のほんの一部に過ぎない。メキシコのコーヒー生産者たちによると、経験したことのない、おかしな現象も増えているという。それにもかかわらず、この世界には高等教育を受けた大企業経営者や政治家が、気候変動の存在そのものを否定したりする。その代表的な存在がアメリカ合衆国の大統領だ。クロシェ家のような人たちの事を読むと、どうしても脳裏にはドン・キホーテが気候変動により加速した風車に向かって戦っている図が思い浮かんでならない。

勿論、長期的な視点を持ち、問題を追っていくのはそれほどたやすい事ではない。突発的な自然現象を、大きな流れの一部なのかどうか、という判断も困難な事はある。BBCのジャーナリスト、デイビッド・ロブソンはタンザニアでの例を挙げている。とある研究者グループが栽培作物の収穫減と、気候変動の明らかな関わりを発見した。調査期間は一九六〇年代からで、当時はヘクタール当たりコーヒーが五〇〇kg収穫できた。現在は三〇〇kgしかない。この大幅な減少は、気温の上昇と直接的に関係している。一〇年ごとに気温は〇・三度上昇しているのだ。降水量が減っている事も影響している。

二〇八〇年には、コーヒーを楽しめる人はごく一部の裕福な人間に限られるか、さもなくば既に絶滅し、思い出の中の嗜好品だろうと予測されている。大手コーヒー関連企業の上層部ですらその懸念を口にし始めている。というのもその予測はぼんやりとした未来予想図というものではないし、下り坂は既に始まっているのだ。コーヒーが作物として絶滅する点については大量生産のアラビカ豆のブレンドコーヒーも無くなるということで、より真剣に恐れるべきだ。

多くの人が気候変動の鈍化のために取り組み始めている。たとえばフィンランドの最大コーヒー企業であり、バルト三国やロシアでも事業を展開しているパウリグ社は気候変動への同社の影響を二〇二〇年終わりまでに四〇％減らすと宣言している。パウリグ社は活発にサステナビリティに関するビジネスプランを更新し、情報公開しているし、再生可能エネルギー使用率を一〇〇％に上げるためにヘルシンキ市のヴオサーリ地区にある焙煎所をバイオガスで運用している。同時に、彼らはロブスタ種の味についても少しずつ、注意深く宣伝し始めている。――いつでもビジネスにはプランBが必要だからだ。

このような状況では、オーガニック栽培について気炎を上げるのは相応しくない気さえしてくる。そのせいで生産者の仕事をより難しくしてしまうからだ。どちらにしても価格は上昇する。ロブスタ種の育てやすさは多くの生産者にアピールするだろう。アラビカから、病害や害虫、気候に耐性があるロブスタに変えたいという者を止める事はできない。

しかし、反論としては、もしすべての生産者がオーガニックに変えれば、気候変動の前進に関して非常に大きな影響があるだろうことはしっかり述べたい。健やかな土壌は海と同じように二酸化炭素を土壌内にとどめ、オーガニック栽培なら熱帯雨林を農機具の通り道から大量伐採する必要はない。何よりも、サプライチェーン全体が健全に機能する。この中で不利益を被るのは、酸っぱい大量生産のコーヒーによって胃痛で苦しみ、大量生産のコーヒーの市場価格をタブレット末端から常時神経症的に追い続けている人物ぐらいだろう。そういう人間は不幸せになる。しかし彼らは、オーガニックなどが話題に上るずっと前から不幸せだ。だから彼らの事は忘れることにしよう。

市場経済の最も狂った点は、何をどうしても需要にこたえようとする点だ。消費者の購買行動や価値観に健全な影響を与えようとする代わりに、だ。FAF農場を率いるマルコス・クロシェが「今より少なめに、でも美味しいコーヒーを飲もう」と提案している。こうすれば、消費者は大量生産の安いコーヒーよりも良い値段を出して良いものを買い、スーパーの客寄せの安いコーヒーを買わなくなるかもしれない。客寄せに大量生産のコーヒーが使われる場合、サプライチェーンで誰もが損をするのだ。生産者、物流、焙煎所、スーパーマーケット、そして質の点で最終的に我々消費者も損をする。コーヒーについて一日の始まりにエンジンをかけるだけの燃料という凝り固まった考えを、その日のうちで自分へのご褒美となる美味しい飲み物との大切なひと時だととらえられるようになれば、我々は正しい道筋をたどっていると言えるのではないだろうか。今日では我々はすでにより美味しい、健康的でオーガニック栽培された食べ物を求め、地産地消を目指し、カーボンフットプリントすら気にしているではないか。それなのにポットから注ぐのは「エンジンをかけるため」だけに必要で、コーヒーという名前がつけば何でもいいというのだろうか？

少し立ち止まってみよう。

どれだけの人が考えたことあるだろう。実は、コーヒーの最大のカーボンフットプリントは農園でもお店でもなく、我々の自宅で生まれている。しかもちょっと頭を働かせれば防ぐことができるのだ。何かというと、無駄に淹れたコーヒーを保温状態にしない。飲む分量だけコーヒーを淹れる。国別コーヒー消費量の統計は、実際はその国で販売されたコーヒー重量を国民一人当たりに換算しているので、飲まれたコーヒー量とは全く異なる結果となっている。実際は、かなりの量のコーヒーが作りすぎで、保温状態でまずくなったからと流しに捨てられている。コーヒーメーカーのスイッチがオンになったままで、だんだんキッチンにまずそうな酸味の強いコーヒーの匂いが広まり、焦げかけた残りのコーヒーなど誰も飲みたいと思わないからだ。現代のおしゃれなエスプレッソメーカーやポアオーバー（一杯ずつハンドドリップで丁寧に入れる）なら、コーヒーを捨てるような無駄が出る事はないし、飲み手も美味しいコーヒーを必要なだけ、必要な時に楽しめる。ここで述べたいのは、一杯ずつアルミホイルのカプセルから入れるコーヒーは決して解決にはつながらないということだ。カプセル式はもっとも非倫理的なカフェインの楽しみ方だと言えるだろう。しかし一般的には、リサイクル、生ごみやプラスチックごみ、その他をしっかり分別をすることはコーヒーだけでなく気候変動を遅らせるのに役立つ。恐らく、私たちが言う事は理想主義で甘いと思われるかもしれない。しかしコーヒー革命は我々皆が始めるものなのだ。誰かが方向を示さなくてはならない。そしてその行く先を見せる側の影響力が大きければ、その効果もおのずと明らかだ。ドイツで二番目に大きな都市ハンブルクでは、二〇一六年にハンブルグ市の施設にて廃棄物を減らす為に、カプセル式コーヒー使用を禁止した。他の大きな都市もこの例に続けば良いと私たちは願う。

我々人間は、自己中心的で欲しいものや自らの利益を求める種だ。株主、投資家、企業経営者は経済的な成功を求める。政治家は権力を、トップアスリートは更に良い成績を、父親や母親は子どもに安全で素晴らしい教育を求める。しかし社会のステイタスや地位に関わらず、なぜか誰もが良いものを安く求める。その安い食品から、どれだけ生産者にいきわたるかという事までは考えが至らない。逆に、それほど安い取り分しかない場合、生産者が自分と家族の食卓にも食べ物を確保するには何をしてしまうか、ということも。

私たち二人は、コーヒーと出版の分野で働いていて、社会批判をすぐに口にする方だ。政治家を責め、多国籍企業を責めるのは簡単だ。盲目的な金の亡者を、短期的視点から利益のみを追求する資本主義を、代替方法や建設的な批判なく指をさすのは誰にでもできる。ただ相手に石を投げても状況は改善しないし、世界を救う事はできない。本当の原因と結果に集中し、やるべきこととして得た知識も広く公開し、共有すべきだと考える。そうすれば将来も素晴らしいコーヒーを楽しむことができる。

実際のところ、コーヒーがなんだ！

最終的には、コーヒー革命はもっと大きなことを目指している。気候変動と使い捨て文化の長期的な影響は地球全体へ及ぶ。一言でいうなら、これは人間の将来に関することだ。我々の消費者行動が鍵となる。自分達のひ孫がきれいな水を飲めるか。安全な美味しい食べ物があるだろうか。これはマルコスが農場でアメリカン・ドリームを追いかける事について話した時と全く同じだ。成功だけを追い求めれば、空虚に感じ、自問自答する。たいして必要でもないものを買い求める代わりに、自分の土地から採れる野菜や食物、そして次の世代のための環境を守る。マルコスの言っている事は明白だった。

二〇一一年に第一回のロンドン・コーヒーフェスティバルが開催された。大成功だったため、すぐに、ニューヨークやアムステルダムといった大都市にもコピーされ始めた。七年経った今、世界各地でコーヒーフェスティバルが見られる。このイベントがサードウェーブの発展と人々の知識の蓄積に果たした役割は計り知れない。コーヒーフェスティバルでは新たなトレンド紹介とネットワーキングが主体だ。そこではまた、サステナビリティについても目立った主張がされている。フェスティバルは楽しい祭りではあるが、近年、コーヒーの将来と継続性について考えるにつけ、暗雲も立ち込めている。

私たちは二〇一七年一〇月、ニューヨークのコーヒーフェスティバルを訪れてみたが、色々な面で興味深い体験となった。大都市の小さな通りには各地の小さな焙煎所やカフェがあふれ返っており、それを見るにつけて希望はまだあると強く思わされた。しかし道のりは長い。アメリカのコーヒードリンカーたちは、使い捨てカップ等の使用を劇的に減らさなくてはならない。企業は、利益率を減らし生分解するカップや蓋の研究開発に資金を使わなくてはならない。これら使い捨てカップなどの使用を減らす事は非常に重要だ。なぜなら生分解性プラスチックもリサイクルの点で問題となっているからだ。更にきちんとした法規制と多くの国で不備が見られるリサイクルシステムを確立する必要がある。しかし今の方向性は悪くない。コーヒーが先陣を切ってすべての食品、飲料の将来の方向性を示すことができれば素晴らしい。

アメリカでスペシャルティコーヒーの市場で消費に占める割合はすでに五〇%近い。大量生産コーヒー用の豆は本気でスペシャルティコーヒーと生き残りをかけて勝負をしなくてはならない状況だ。量ではまだ勝っているものの、様々なキャンペーンやイメージ戦略だけでは消費者もだまされない。大企業も真剣に腕まくりをし、意味のある事に取り組まなければならないだろう。たとえばコーヒー豆の調達先の精製方法や生産者の労働環境といったことに。安くて良いものというのは幻想だ。どこかの段階で誰かが損をし、苦しんでいるのだのだから。

ニューヨークのコーヒーフェスティバルに出店していた焙煎所のほとんどが、直接取引、トレーサビリティ、倫理性、環境への配慮、これらの事を熱く語っていた。勿論、品質ありきなことはいうまでもない。しかし彼らと話を交わす中で、最終的には提供しているコーヒーの出処をきっちりと把握しているスタッフはまだ少なかった。つまり誰が、どこで栽培し、どのように精製されたか、という情報が自分のものとなっていないという事だろう。

これは大手の焙煎所が製品に認証を取る事にも比較できるかもしれない。我々消費者が、認証を受けたサステナブルなコーヒーを求めるからで、企業が求めるのではない。両方ともマーケティングコミュニケーション、売上の増大なのだろうか、それとも本当に世を良くしたいという考えもあるのだろうか？　小さな、始めたばかりの企業がマーケティングのメッセージに、消費者に訴えかける言葉を使い、成長と経済的な利益を求めるのは理解できる。成長もできず、成功せねば、大手のプレーヤーとして主張も聞き入れてもらえず、影響力を発する事も難しい。

大規模な、経済的に他者に依存せずに済む組織からは、我々も心置きなく企業責任を追及しより大きなゴールへ向かって巻き込む事が出来る。製品の認証は勿論最初の一歩だろう。認証を受けるためにはコストがかかり、商品の値段が上がるが、これらのコストは消費者価格に直接反映する事は難しい。これは焙煎所の経済状態にも影響する。従ってある意味企業側がかぶる犠牲といってもいいだろうし、サステナビリティへの企業努力というべきかもしれない。しかし我々は単に認証が取れている点で満足してはいけない。企業から は次の段階を要求すべきだ。経済的にリスクをともなうものであってもだ。工業型農業からオーガニックへの移行は平たんな道のりではなく躓きも学びもあるだろうが、終盤で目指すところがはっきりと見えてくるだろう。たとえ経済的には一時的に苦しくなっても、サステナブルな活動は十年、百年単位で成長し実を結ぶものだ。クロシェ家のＦＡＦ農場はここでも世代が変わるときに改善を図り、労働者の扱いにも、直接取引の推進にも、オーガニックへの移行についても模範的な役割を果たしている。

より良い値段と、売上を求めてオーガニック栽培に移行するにしても、実際は簡単な事ではない。マルコス・クロシェによると、数十年化学肥料などを使い続けて、豊かな土壌だったものが泥になってしまったら、化学肥料の使用をやめただけではとても割にあわない。彼は何度も、忍耐と本気で取り組む姿勢と真の知識が必要だと繰り返す。「オーガニックへ移行するときは、まず泥を本来の土にもどしてやらなくては。我々は一二年かかったよ。それだけの時間で学んだ。どうやって生命を生み出すかを勉強し直した。一瞬のごまかしじゃない、生き続けるものを生み出さなくては」

サステナビリティについての企業努力は、受け身でやるのではなく、主体性を持って取り組み、誇りにし、素晴らしいことであるべきだ。後世になれば、こうした困難を乗り越え、公共のために尽くした企業努力は記憶され、報われるだろう。コーヒーの業界では成功例はいくらでもあるし、そのまま犠牲となって終わった人はいない。

もちろん、経営者だって選挙で投票をし、税制や国の企業支援手法について批判をし、物事を動かすことも可能ではあるが、「正しい資本主義」の方が効果的かつ動きが早いものだ。

もし商品自体がよく、コンセプトが機能するとなれば、すぐに名は広まる。複数の例が存在する。テスラの創業者、イーロン・マスクは世界で最も影響力があり悪名高い政治家のアドバイザーとして招かれた。アップル創業者スティーブ・ジョブズについては言うまでもなく、あまりに影響力あるビジネスマンだったため、信奉され、高価なアップルの製品も大いに売れた。ジョブズは政治家や影響力ある人々にも人気があった。翻って、クロシェ家の人達もいい実例だ。マルコスは、自分達の育てたコーヒーが海外で成功したことから地元政治家を説得し、水源の大切さを説き、サステナブルな栽培の利点と環境への良い影響を伝えることに成功した。そして周囲にも認められ、支持を得ている。さらにそれがクロシェ家の活動の信ぴょう性を高めることにつながり、他の生産者を活動に巻き込むことが容易になった。

世界は変化し続ける。医薬品大手であるバイエルは二〇一七年秋に農薬大手のモンサントを買収した。この二社は世界でもそれぞれかなり巨大な多国籍企業で、下手をするとこの二社の大株主の出身国の予算よりもその資金力は大きい。これほどの規模の企業が一つになる場合、その影響力は計り知れない。こうした企業は多くの科学分野の研究開発に資金提供をするので、科学の方向性にも、研究結果の共有にも、情報をふるいにかける点でも影響が出てくる。企業がここまで大きくなると、何かが欠けてくる。個人ならだれもが持つ「良心」と、自分や身内の「名誉」を守ろうとする必要性だ。消費者にとっては製品と、その製造企業の背後に誰がいるのか、またはそれらの関係性をはっきりさせることは規模が大きくなるほど難しい。また商品はといえば、しばしば、大きなブランドのカテゴリーでマーケティングされるので、その全体像を把握する事も困難だ。

さて、消費者が進化すると食品大手企業は濡れ手に粟とばかりに、トレンドセッターな中小企業を買収しにかかる。背景には脅威を取り除き、市場で上位に立とうという考えもあるだろうし、イメージアップ戦略もあるだろう。願わくば、若手のこうした小さな企業から、少しでも学ぼうという姿勢が欲しいものだ。

ドイツの同族企業ＪＡＢホールディングスは、数年のうちに数百億ユーロをコーヒー業界の企業に投資し、世界最大のコーヒー買い付け企業となった。サードウエーブコーヒーのパイオニアかつ旗手であるブルーボトルコーヒーは、二〇一七年の秋に過半数の株をネスレに売却すると発表し、コーヒー業界を震撼させた。この世界でも、大手と中小企業の対立構造が存在してきたが、インスタントコーヒーと、アルミ容器に包装されたカプセル式コーヒーのために、大手の中でもネスレがもっとも批判を浴びる対象となっていた。業界では、買収について情報が流れたあと、五億ドルは、友情と評価と尊敬の価格なのかどうかという憶測が流れた。

数週間後には、ネスレはコールドブリューで知られるアメリカのカメレオン・コールドブリューを獲得したが、ネスレの動きはそれにとどまらなかった。二〇一八年の春、このスイスの巨人はスーパーマーケットとレストランでのスターバックス商品の独占販売権を獲得したと発表した。ネスレの目的はアメリカのコーヒー市場、つまりスターバックスの独壇場だが、そこでの位置取りを良くすることにある。ロイター通信によるとネスレは新しい最高経営責任者であるウルフ・マーク・シュナイダーのもと、消費が鈍る中、若手の消費者を引き付けるために製品群の中によりトレンド感のあるニューウェーブの商品を取り入れ、売り上げにてこ入れすると言っている。

食品業界のもう一方の雄、ユニリーバも、新たなトレンドの風が吹いていることを見逃している訳ではない。なぜなら二〇一七年秋にスターバックスからお茶ブランドであるタゾを三億八千万ドルで買収しているからだ。ユニリーバはこれによりお茶関連製品を強化するわけだが、コーヒー業界にも打って出てくるのかはまだ分からない。

我々にとってはこうした買収や合併が教えてくれるのは、世界の名だたる企業でさえ、美味しく、高品質でサステナブルなコーヒーについてビジネスチャンスを見出していると いう事実だ。一方で、認証システムや昔ながらのビジネスモデルは再生しなくてはならない。

企業買収の背景にあるのが、流れに乗っておかなくてはという薄っぺらい考え方や企業イメージ改善、または市場での競争力ある地位ということではなく、世のなかを良くしたいというものであることを、個人としては祈るほかはない。そして、中小企業であろうと、巨大企業であろうと、我々消費者が何を知り、どう考えているかに依存しているという事は心して覚えておかなくてはならない。自分が何を手に取るか、何に金を出すか、その購買行動は真に影響力を持っているのだ。その一つ一つの正しい意思決定が世の中を良くする。

最終的には我々、個人がすべての責任を負っているのだから。しかし安心して欲しい。我々はなにも全財産を投げ出して、飢餓に苦しみ、色々な楽しみを失えと言っているわけではない。逆なのだ。我々が少しだけ消費を減らせば、フェリペ・クロシェが言うところの消費の進化論に従って、人生をもっと良い方へ仕向けることができる。汚染がなく、健康で、『足るを知る』世界に。世界が向かう方向は変えなくてはならない。我々一人一人の手に、同じゴールに向かうべき力と責任が託されている。

今ならまだ間に合う。

エピローグ

私たちは一日かけてファゼンダ・アンビエンタル・フォルタレザ農場（ＦＡＦ農場）からサンパウロへ、そして次の日にヘルシンキへと飛行機で出発することになった。ラテンアメリカらしく、スケジュールはアバウトで、農場からの出発も予定されていたより数時間は遅れた。最後のインタビューや出発前の写真撮影はじりじりと照り付ける太陽の下で、後ろ髪を引かれるような思いで撮っていた。私たちが四駆に乗り込もうとするたびに、フェリペは何か用事で農場の反対側へ呼び出されたりしていた。

やっとのことで出発となり、マルコスは私たちを抱擁しつつ、別れが大嫌いなんだと涙ぐみながら言ってくれた。旅の土産には農場のコーヒー豆と蜂蜜、エナメルのＦＡＦマグカップを渡された。シュヴィアは、次回はぜひ休暇でいらっしゃい、たとえばヨガをメインの旅行に、と誘ってくれた。こんな風に笑いながら別れを惜しんでいると私たちの方も何やら視界がぼやけてくる。

車で二、三時間移動する間にもまだフェリペを取材することにした。本書の中では、クロシェ家の全員と一族の歴史が重要な部分を占めているが、フェリペの役割はその中でも群を抜いている。なぜなら彼は農場の将来を、ひいてはコーヒーの業界のこれからを背負う世代でもあるからだ。何でもやってみなければ学びは得られないし、何も始まらない。フェリペは農場にやってきたとき、どんな世界に足を踏み入れたのかということすら想像もつかなかったろう。しかし今はどうだ？　数々の失敗を重ねながら、多くを学び、経験も積んだ。そして何より素晴らしいのは、彼は皆にその知識を共有しているということだ。サステナビリティの核心は、まさに知見の共有にあると信ずる。私たちも二〇一五年、昼食を食べながらコーヒーの革命を起こそう、本を書こう、と語り合った時、取材の旅がこのような形になるとは想像もしなかった。そして今、あなたは私たちからバトンを受け取った。

マルコスの言いたいことはこうだ。

「いい事をすると、気分が晴ればれする」

あなたが、飲むコーヒーがどこからやってくるかを知ることで、良い生産者が報われる。コーヒー革命の種はまさにここにあるのだ。

訳者あとがき

本書に出会ったのは二〇一八年、四月のヘルシンキ・コーヒー・フェスティバルの記事で筆者たちが八月に出版される本の事を熱く語っていたことがきっかけだ。フィンランド語のタイトルは『コーヒー革命』。コーヒーの消費量が個人あたり世界一（年間一〇kg）というこの国に住んで、コーヒーに興味を持つようになった。豆の焙煎も、深煎りから浅煎りへと好みが変わり、その都度ミルで挽いて一杯ずつ注ぐドリップコーヒーの美味しさに魅了されていた頃だ。革命という書名と、このままでは温暖化でコーヒーが飲めなくなる。どうやってコーヒーを次世代に残していくか、というサステナビリティの観点に強く惹かれた。

日本にも紹介したいと著者のペテとラリに連絡を取ってみたところ、快く校正中の原稿を送ってくれ、未発売の本書を一気に読んだ。日本でも、マスターがネルドリップで美味しくコーヒーを入れてくれる喫茶店から、様々なチェーン店も激増し、生豆を買い、自分で豆を焙煎する人も増えているようだ。書店でもコーヒー関連の様々な書籍も増えているし、豆や焙煎へのこだわり、美味しいコーヒーを淹れるためのグッズの紹介本と多様だが、サステナビリティに主眼をおいた本は無かった。これはと確信して、出版社にかけあったり、知人の記者にも話してみたりし始めた。ちなみに、フィンランドは世界循環経済フォーラムの主催国でもあり、サステナビリティはその中心となるテーマである。おりしも第二回のフォーラムが二〇一八年一〇月に日本の環境省との共催で横浜にて開催され、タイミングも最適と思われた。周囲にも相談したところ、普段は通訳やコーディネート業がメインの私に、これは社会的意義があり、形に残る仕事だからぜひやるべきだとコーヒーの師匠と仰ぐ人からも背中を押してもらった。

しかし、なかなか話が進まない。確かに本書は、不当に安いコーヒーをやめ、もう少しお金を出し、少ないが豊かにコーヒーを楽しもう、そうすることでサステナブルにしようというういわば「良薬口に苦し」な内容だ。諦めに近い気持ちでいたところ、昨年一二月に隣国のスウェーデンで数々のミステリを訳し、スウェーデンにおける子育ての実態についても著書を出した久山葉子さんから、できたばかりの北欧語翻訳者の会に入らないかというお誘いを受けた。かなりの実績がある方々から、私のようなまだ訳書が一冊だけという人まで北欧語関連の訳者が集い、活発に活動している。年が明け、二月初めに出版社の方々の前で各自がプレゼンすることになった。私は他の数人と現地からビデオ中継での発表だ。緊張して持ち時間を大幅にオーバーし、後半の仲間たちに迷惑をかけてしまったのは今でも悔やまれるが、そのプレゼンがきっかけで、『世界からバナナがなくなるまえに』を出されていた青土社の篠原さんが本書に目を留めて下さった。実は私もその本を読んでいて、お願いできたらと考えていたので、決まった時には本当に有難かった。

そして今、このあとがきを書いている二〇一九年九月は、ニューヨークの国連気候行動サミットでたった一六歳のグレタ・トゥンベリさんが世界の名だたるリーダーを前に臆する事なく、まっすぐな言葉をぶつけ、歴史的な出来事となった時期だ。

地球温暖化は進んでいる。若者達はもう一年近く金曜の学校ストライキを続けており、大人たちに失望し、行動を起こしている。既にいい大人の自分には何ができるだろう、という焦燥感に駆られながら本書を訳した半年だった。

次に述べる方々にはそれぞれお世話になった。この場を借りてお礼申し上げる。

青土社の篠原さんには本書を取り上げて下さったこと、編集者の福島さんには、細かい校正作業で色々とご提案を頂いたこと。グラフィックデザイナーの松田行正さんはオリジナルを活かした装丁をして下さった。

北欧語翻訳者の会のメンバーは、情報交換を、そしてプレゼンの場という本書の出版翻訳に繋がる機会を貰った。レジュメ作成時には経験豊かな彼女たちからの的確なアドバイス無くして今このあとがきを書いてはいないだろう。また枇谷玲子さん、久山葉子さんにはSNS経由で何度助けを求めたか分からない。

そして半年以上の間、通訳の仕事でしばしば留守にする以外にも本書とパソコンにかじりついていた私を見守ってくれた家族。本件が終ったらちゃんとプライベートの時間を大切にする約束である。

産業革命から右肩上がりの成長をずっと続けてきた世界に限界が来ている。限られた資源を、地球を大事にしなくては自然の振るう猛威の前に人間は余りにちっぽけな存在だ。

本書を手に取って下さった方は作者からのバトンを私と共に受け取った方々となる。美味しいコーヒーを豊かに楽しみながら、できることを一緒にやっていきましょうとお誘いしたい。

数十年後も愛するコーヒーが育つ地球であるように。

セルボ貴子

出　典

インタビュー
マルコス&フェリペ・クロシェ　2015年8月28日〜29日、スウェーデン、ストックホルムにて
レナート・クレルクス　2016年4月22日、フィンランド、ヘルシンキにて
フェリペ・クロシェ　2017年5月21日　ブラジル、サンパウロにて
マルコス・クロシェ　2017年5月23日、ブラジル、モコカ
シウヴィア・バヘット　2017年5月24日　ブラジル、モコカ
フェリペ・クロシェ　2017年5月24日、ブラジル、モコカ
ラルス・ピレングリム　2017年5月24日、ブラジル、モコカ

Eメールによる取材
ヨアンナ・アルム　2017年5月10日
ジョージ・H・ハウエル　2017年5月11日
アニタ・ラクセン　2017年8月28日
グラシアノ・クルス　2017年9月10日
ジェレミー・トーツ　2017年9月18日

書籍
Kingston, Lani: How to make coffee: The Science Behind the Bean, 2015
Nieminen, Petri & Puustinen, Terho: *Kahvi – Suuri suomalainen intohimo*. Kustannusosakeyhtio Tammi, 2014.

新聞記事
Kivipelto, Arja: Suomeakin vaivaa polytysvaje, sanoo tutkija – maailman ruokahuolto on vaarassa, kun yha useampia polyttajia uhkaa sukupuutto. *Helsingin Sanomat* 18.9.2017.
Liiten, Marjukka: Finnwatch: Suomessa myytavien tunnettujen merkkien kahveja tuotetaan lapsityovoimalla – Paulig ja Meira kiistavat osan ongelmista. *Helsingin Sanomat* 18.10.2016.
Nalbantoglu, Minna: Kahvi uhkaa loppua, jos ilmastonmuutos etenee – "Tama on dramaattisen vakavaa". *Helsingin Sanomat* 28.3.2017.
Schipani, Andres: Coffee sustainability: Brazilian farmer battles the stigma of bulk. *Financial Times* 24.9.2017.

インターネット上の情報（リンク先については2018年6月11日確認済）
https://agricolaverkko.fi/review/pensaasta-kuppiin/
http://archive.hasbean.co.uk/brazil-organic-fazenda-santa-terezinha-cup-of-excellencespecial__11292
http://blog.wmf-coffeemachines.uk.com/coffee-consumption-around-the-world
http://environmentalscience.oxfordre.com/view/10.1093/acrefore/9780199389414.001.0001/acrefore-9780199389414-e-224
http://reilukauppa.fi
http://www.bbc.com/future/story/20150728-coffee-the-bitter-end-of-our-favourite-drink
http://www.bobolinkcoffee.com/
http://www.fafbrazil.com
http://www.fairtrade.org.uk/Farmers-and-Workers/Coffee
http://www.ico.org/
http://www.longmilescoffeeproject.com
http://www.maaseuduntulevaisuus.fi/ihmiset-kulttuuri/artikkeli-1.214826
http://www.maaseuduntulevaisuus.fi/ruoka/artikkeli-1.214731
http://www.talouselama.fi/uutiset/huonoja-uutisia-kahvin-ystaville-maailmaan-tarvittaisiintoinen-brasilia-6001971
https://allianceforcoffeeexcellence.org
https://old.danwatch.dk/en/undersogelse/bitter-kaffe/
https://utz.org
https://worldcoffeeresearch.org
https://www.coffeeandcocoa.net/2016/04/08/report-describes-slavery-like-conditionsbrazilian-supply-chain/
https://www.finnwatch.org/fi/uutiset/411-lapsityoevoiman-hyvaeksikaeyttoeae-ja-surkeitapalkkoja-suomessa-myytaevaen-kahvin-takanahttps://
http://www.finnwatch.org
https://www.hs.fi/talous/art-2000005556245.html
https://www.is.fi/taloussanomat/art-2000001922025.html
https://www.kepa.fi/uutiset-media/uutiset/kahvi-ja-kehitys-sertifiointijarjestelmia-vaivaamessiaskompleksi
https://www.rainforest-alliance.org
https://www.statista.com/topics/1670/coffeehouse-chain-market/
https://www.theguardian.com/global-development/2016/mar/02/nestle-admits-slave-labourrisk-on-brazil-coffee-plantations
https://www1.lehigh.edu/news/fair-trade-new-study-by-kelly-austin-exposes-unequalexchange-in-coffee-trade
https://yle.fi/uutiset/3-9590902
https://yle.fi/uutiset/3-9880517

世界からコーヒーがなくなるまえに

2019 年 11 月 10 日　第一刷印刷
2023 年 2 月 10 日　第四刷印刷

著　者　ペトリ・レッパネン＋ラリ・サロマー
訳　者　セルボ貴子

発行者　清水一人
発行所　青土社

〒 101-0051　東京都千代田区神田神保町 1-29　市瀬ビル
［電話］03-3291-9831（編集）　03-3294-7829（営業）
［振替］00190-7-192955

印刷・製本　ディグ
装丁　松田行正

ISBN978-4-7917-7224-7　Printed in Japan

ラリ・サロマー (Lari Salomaa)

1977 年生まれ。コーヒー業界に 20 年、起業しコンサルタント。音楽、執筆、そして世界を救いたい。

ペトリ・レッパネン (Petri Leppänen)

1975 年生まれ。出版社勤務のノンフィクション・ライター。趣味は Rock'n'roll とヨガ。

バイーア州
ミナス
ジェライズ州
モコカ
サンパウロ
リオデジャネイロ
リオデジャネイロ
サンパウロ
COPYRIGHT © FREE VECTOR MAPS.COM